职业教育烹饪（餐饮）类专业“以工作过程为导向”
课程改革“纸数一体化”系列精品教材

活页式教材

YANHUI ZONGHE SHIXUN

宴会综合实训

主　编◇向　军　董振祥　牛京刚

教学视频　电子课件　拓展练习　知识拓展

華中科技大學出版社
http://press.hust.edu.cn

职业教育烹饪（餐饮）类专业“以工作过程为导向”
课程改革“纸数一体化”系列精品教材

YANHUI ZONGHE SHIXUN

宴会综合实训

主　编　向　军　董振祥　牛京刚
副主编　范春玥　刘新云　李　蕊　孙金月
参　编　郑　革　王跃辉　韩金凤　徐　彩
　　　　许　月　王　辰　刘　龙　李　寅

華中科技大學出版社
http://press.hust.edu.cn
中国·武汉

内容简介

本教材是职业教育烹饪（餐饮）类专业“以工作过程为导向”课程改革“纸数一体化”系列精品教材。

本教材共 4 个学习模块，即中餐风味家宴综合实训、中餐节气宴席综合实训、中餐主题宴席综合实训、中西融合主题宴席综合实训，包含 15 个项目。

本教材可供职业教育餐饮类专业学生使用，也可用于职业技能鉴定培训和餐饮类相关企业培训。

图书在版编目 (CIP) 数据

宴会综合实训 / 向军，董振祥，牛京刚主编 .—武汉：华中科技大学出版社，2022.10 (2026.1 重印)

ISBN 978-7-5680-8882-4

Ⅰ. ①宴…　Ⅱ. ①向…　②董…　③牛…　Ⅲ. ①宴会 – 设计 – 中等专业学校 – 教材　Ⅳ. ① TS972.32

中国版本图书馆 CIP 数据核字 (2022) 第 215914 号

宴会综合实训　　向军　董振祥　牛京刚　主编

Yanhui Zonghe Shixun

策划编辑：汪飒婷

责任编辑：马梦雪　李艳艳

封面设计：原色设计

责任校对：李　琴

责任监印：周治超

出版发行：华中科技大学出版社（中国 · 武汉）　电话：（027）81321913

武汉市东湖新技术开发区华工科技园　邮编：430223

录　　排：华中科技大学惠友文印中心

印　　刷：武汉科源印刷设计有限公司

开　　本：889mm×1194mm　1/16

印　　张：15.5

字　　数：368 千字

版　　次：2026 年 1 月第 1 版第 2 次印刷

定　　价：69.80 元

华中出版

本书若有印装质量问题，请向出版社营销中心调换

全国免费服务热线: 400-6679-118　竭诚为您服务

总序

FOREWORD

职业教育作为一种类型教育，其本质特征诚如我国职业教育界学者姜大源教授提出的“跨界论”：职业教育是一种跨越职场和学场的“跨界”教育。

习近平总书记在十九大报告中指出，要“完善职业教育和培训体系，深化产教融合、校企合作”，为职业教育的改革发展提出了明确要求。按照职业教育“五个对接”的要求，即专业与产业、职业岗位对接，专业课程内容与职业标准对接，教学过程与生产过程对接，学历证书与职业资格证书对接，职业教育与终身学习对接，深化人才培养模式改革，完善专业课程体系，是职业教育发展的应然之路。

国务院印发的《国家职业教育改革实施方案》（国发〔2019〕4号）中强调，要借鉴“双元制”等模式，校企共同研究制定人才培养方案，及时将新技术、新工艺、新规范纳入教学标准和教学内容，建设一大批校企“双元”合作开发的国家规划教材，倡导使用新型活页式、工作手册式教材并配套开发信息化资源。

北京市劲松职业高中贯彻落实国家职业教育改革发展的方针和要求，与大董餐饮投资有限公司及20余家星级酒店深度合作，并联合北京、山东、河北等一批兄弟院校，历时两年，共同编写完成了这套“职业教育烹饪（餐饮）类专业‘以工作过程为导向’课程改革‘纸数一体化’系列精品教材”。教材编写经历了行业企业调研、人才培养方案修订、课程体系重构、课程标准修订、课程内容丰富与完善、数字资源开发与建设几个过程。其间，以北京市劲松职业高中为首的编写团队在十余年“以工作过程为导向”的课程改革基础上，根据行业新技术、新工艺、新标准以及职业教育新形势、新要求、新特点，以“跨界”“整合”为学理支撑，产教深度融合，校企密切合作，审纲、审稿、论证、修改、完善，最终形成了本套教材。在编写过程中，编委会一直坚持科研引领，2018年12月，“中餐烹饪专业‘三级融合’综合实训项目体系开发与实践”获得国家级教学成果奖二等奖，以培养综合职业能力为目标的“综合实训”项目在中餐烹饪、西餐烹饪、高星级酒店运营与管理专业的专业核心课程中均有体现。凸显“跨界”“整合”特征的《烹饪语文》《烹饪数学》《中餐烹饪英语》《烹饪体育》等系列公共基础课职业模块教材是本套教材的另一特色和亮点。大董餐饮投资有限公司主持编写的相关教材，更是让本套教材锦上添花。

本套教材在课程开发基础上，立足于烹饪（餐饮）类复合型、创新型人才培养，以就业为导向，以学生为主体，注重“做中学”“做中教”，主要体现了以下特色。

1. 依据现代烹饪行业岗位能力要求，开发课程体系

遵循“以工作过程为导向”的课程改革理念，按照现代烹饪岗位能力要求，确定典型工作任务，并在此基础上对实际工作任务和内容进行教学化处理、加工与转化，开发出基于工作过程的理实一体化课程体系，让学生在真实的工作环境中，习得知识，掌握技能，培养综合职业能力。

2. 按照工作过程系统化的课程开发方法，设置学习单元

根据工作过程系统化的课程开发方法，以职业能力为主线，以岗位典型工作任务或案例为载体，按照由易到难、由基础到综合的逻辑顺序设置三个以上学习单元，体现了学习内容序化的系统性。

3. 对接现代烹饪行业和企业的职业标准，确定评价标准

针对现代烹饪行业的人才需求，融入现代烹饪企业岗位工作要求，对接行业和企业标准，培养学生的实际工作能力。在理实一体教学层面，夯实学生技能基础。在学习成果评价方面，融合烹饪职业技能鉴定标准，强化综合职业能力培养与评价。

4. 适应“互联网 +”时代特点，开发活页式“纸数一体化”教材

专业核心课程的教材按新型活页式、工作手册式设计，图文并茂，并配套开发了整套数字资源，如关键技能操作视频、微课、课件、试题及相关拓展知识等，学生扫二维码即可自主学习。活页式及“纸数一体化”设计符合新时期学生学习特点。

本套教材不仅适合于职业院校餐饮类专业教学使用，还适用于相关社会职业技能培训。数字资源既可用于学生自学，还可用于教师教学。

本套教材是深度产教融合、校企合作的产物，是十余年“以工作过程为导向”的课程改革成果，是新时期职教复合型、创新型人才培养的重要载体。教材凝聚了众多行业企业专家、一线高技能人才、具有丰富教学经验的教师及各学校领导的心血。教材的出版必将极大地丰富北京市劲松职业高中餐饮服务特色高水平骨干专业群及大董餐饮文化学院建设内涵，提升专业群建设品质，也必将为其他兄弟院校的专业建设及人才培养提供重要支撑，同时，本套教材也是对落实国家“三教”改革要求的积极探索，教材中的不足之处还请各位专家、同仁批评指正！我们也将在使用中不断总结、改进，期待本套教材能产生良好的育人效果。

职业教育烹饪（餐饮）类专业“以工作过程为导向”课程改革

“纸数一体化”系列精品教材编委会

前言

PREFACE

党的二十大报告中指出，“推进文化自信自强，铸就社会主义文化新辉煌”。随着社会经济的迅速发展和餐饮企业的不断变革，烹饪工艺不断发展与创新，烹饪文化呈现多元化，对烹饪人才的综合素质要求也越来越高。为落实《国家职业教育改革实施方案》要求，深入推进“三教”改革，北京市劲松职业高中餐饮服务专业群以工作过程为导向，全面实施了课程工作化和企业工作课程化的双向整合，以推动餐饮服务专业群融合发展，以培养复合型、创新型技术技能人才为目标，基于职业教育跨界、整合理念，遵循学生职业能力发展规律，从“跨技能”“跨课程”“跨专业”三个层级创新开发了三级融合综合实训课程体系，研究成果获得教育部颁发的“国家级教学成果奖二等奖”。在近十年研究与实践的基础上，北京市劲松职业高中与企业合作开发了《宴会综合实训》教材。

本教材是依托中餐、西餐、酒店服务专业的生产实训基地，依照星级酒店中餐厨房、西餐厨房、宴会服务部联合协同生产的标准和流程，设计实施的餐饮服务综合实训。

本教材根据厨房、餐厅服务典型职业活动，以工作任务为载体，确定了 4 个学习模块，共 15 个项目。模块一是中餐风味家宴综合实训，包含 4 个项目；模块二是中餐节气宴席综合实训，包含 4 个项目；模块三是中餐主题宴席综合实训，包含 4 个项目；模块四是中西融合主题宴席综合实训，包含 3 个项目。项目内容丰富，涵盖有宴会类型、主题宴会文化、菜系文化、二十四节气文化、名厨名菜、宴席菜肴组配、菜肴制作相关烹饪技法及各类宴会服务流程、服务规范与服务礼仪等。每个项目都有综合实训目标、明确实训任务、制订工作方案、进入工作准备、制作与服务、组织实训评价版块，还有拓展练习等数字资源链接。除此之外，本教材还包括餐饮服务食品安全操作规范、厨师仪容仪表规范、餐饮服务员仪容仪表规范、制作菜肴工具与技术准备、厨房安全与卫生等内容，并介绍了中餐厨房、餐厅服务工作规范与操作规程，厨房卫生与标准操作程序，厨房安全管理制度，五星级酒店厨房卫生安全 HACCP 管理细则，中式烹调师职业标准。因此，本教材同时适用于职业技能鉴定培训和餐饮类相关企业培训。

本教材突出体现了以下特色。

（1）本教材是新型活页式、工作手册式教材，并配套开发数字资源，以此解决中职学校的教材建设与企业生产实际脱节，内容陈旧老化、更新不及时，教材选用不规范等问题。

（2）本教材引入中华饮食文化，嵌入爱国爱党情怀，有效融入课程思政，增强学生对传统文化的学习，树立文化自信。

（3）本教材设置的综合实训项目包括完成菜单菜肴的设计、命名、加工、组配、烹制、传菜、

Note

餐厅服务等工作任务，有效培养学生的综合职业能力。

（4）本教材以实训项目为载体，按实训项目由简到繁进行排列。

（5）本教材内容与餐饮企业接轨，以企业的需求为教学目标，实训项目来自企业真实的工作任务，实用性强。

（6）本教材在多个服务环节都设计了计划书和工作页，对工作流程给出了明确的操作要求。

（7）本教材是纸数一体化教材，书中边栏的二维码，扫描后即可获得技能操作视频及拓展知识，图文并茂，可读性强。

（8）本教材的整体设计以自主学习、合作学习为宗旨，在实施中建议通过以小组合作的形式，学生集体制订计划，合作实施计划，共同评价成果。

本教材由北京市劲松职业高中餐饮服务专业群主任向军、大董餐饮投资有限公司董事长、中国烹饪大师董振祥及北京市劲松职业高中餐饮服务专业群中餐专业主任牛京刚共同担任主编，共同负责全书体例框架的整体设计及全部项目中冷菜、热菜、面点制作过程的文字撰写。副主编范春玥负责全部项目体例设计及文字梳理等内容；副主编刘新云负责节气主题宴席的设计；副主编李蕊、孙金月负责其他主题宴席的工作页及数字资源内容的编写与梳理。郑革、王跃辉承担了西式自助餐制作与服务项目中西餐冷菜、西餐热菜、西式面点等数字资源的制作与编写工作；韩金凤、徐彩承担了餐饮服务中餐摆台与服务、叠口布花、会议服务等数字资源的制作与编写工作；许月、王辰、刘龙、李寅共同承担了全部项目中拓展练习的文字撰写及中餐菜肴视频、PPT 的制作。本教材所有编写人员拥有 15 ～ 30 年的一线工作经验和丰富的国内外企业实践经历，并全部参加了“以工作过程为导向”课程改革项目及新课程的开发与实施。

本教材在编写过程中，由北京市课改专家杨文尧校长全程指导，得到了大董餐饮投资有限公司、北京昆仑饭店、北京瑜舍酒店、北京香港马会会所等餐饮企业专家以及山东省城市服务技师学院中餐学院、北京市延庆区第一职业学校、北京新城职业学校、唐山市第一职业中等专业学校、张家口市职业技术教育中心、禄劝彝族苗族自治县职业高级中学的大力协助，有效保证了教材的专业性、实用性、先进性。

本教材在编写过程中，得到了北京市劲松职业高中校长郭延峰及教科研部门的大力支持与耐心指导，在此一并表示感谢。

鉴于编者水平、编写时间有限，书中遗漏和欠妥之处在所难免，真诚希望广大读者批评指正，以便修订完善。

编者

数字资源清单（教学视频）

模块一			
名称	页码	名称	页码
糖醋莲花白	003	清炖狮子头	034
爆炒腰花	003	红烧划水	034
博山豆腐箱	003	鸡火煮干丝	034
酸辣汤	004	香菇扒菜心	035
中餐摆台与服务	014	宋嫂鱼羹	035
糖醋小排	027	紫菜墨鱼卷	044
宫保鸡丁	027	白切鸡	044
干烧鲤鱼	028	梅菜扣肉	044
麻婆豆腐	028	蚝油扒鱼腐	044
香菇炒掐菜	028	咸鱼鸡粒豆腐煲	044
清汤冬瓜燕	028	腊味时蔬	045
川东担担面	028	冬瓜薏米煲猪骨	045
餐巾折花	030	星洲炒米粉	045
盐水虾	034		

模块二			
名称	页码	名称	页码
清炖草鱼狮子头	053	南煎丸子	082
桃花泛	053	葱爆羊肉	082
百花酿春笋	053	香酥鸡	082
北京水饺（鸡蛋韭菜馅）	053	石烹虾酱鸡蛋	082
酥鲫鱼	073	脆皮炸椰奶	083
葱烧蹄筋	073	清氽莼菜鱼圆	083
酱爆鸭片	073	萝卜丝饼	083
香煎芙蓉蛋	073	四季养生泡菜	094
荷塘小炒	073	菠萝咕噜肉	094
烩乌鱼蛋	073	炸烹鸭四宝	094
葱花饼	074	砂锅全家福	094
黄桥烧饼	074	锅塌豆腐	094
樟茶鸭子	082	浓汤什锦菇	095
老北京豆腐	082	烫面炸糕	095

Note

注：本书每个项目都配备课件、拓展练习和知识拓展，详见正文。

目录

CONTENTS

Note

模块一

中餐风味家宴综合实训

一、模块学习内容

本模块是以真实鲁菜、川菜、淮扬菜、粤菜风味菜肴生产任务为载体，通过中餐厨房、餐厅服务综合实训，多岗位沟通协作，以真实的工作标准和流程为参照，以不同主题和风格的宴会服务而组成的综合实训。通过完整的工作任务，运用已经掌握的相关工作岗位的理论知识、专业技能及已积累的工作经验，协调配合完成菜单中菜肴的设计、命名、加工、组配、烹制、传菜、餐厅服务等工作任务；学习鲁菜、川菜、淮扬菜、粤菜的宴会类型、菜系文化、名宴名菜、宴席菜肴组配、菜肴制作相关烹饪技法及宴会服务规范、宴会服务流程与服务礼仪；通过计划书、工作页、工作评价表格的设计与运用，引导学生用发展的眼光看待周围的一切，学会思考，统筹兼顾，对学生已经完成的工作进行及时检验和反馈。本模块知识链接丰富，趣味性强，渗透烹饪文化，有效融入课程思政。

二、模块一组成

项目一　鲁菜风味家宴综合实训

项目二　川菜风味家宴综合实训

项目三　淮扬菜风味家宴综合实训

项目四　粤菜风味家宴综合实训

三、模块学习要求

1. 初步了解中餐宴席及中餐宴会服务工作流程。

2. 初步掌握鲁菜、川菜、淮扬菜、粤菜宴席菜肴组配知识和相关文化。

3. 能够在规定时间内，熟练运用冷菜、热菜、面点等烹饪技法，按照宴席制作流程完成小型家宴冷菜、热菜、面点的制作任务。

4. 学会后厨与前厅服务岗位的配合，完成家宴中餐摆台及待客服务。

5. 在实践中感悟鲁菜、川菜、淮扬菜、粤菜烹饪文化，在菜肴制作和服务实践中通过团队合作、精益求精地工作，体验真实的工作过程。

项目一 鲁菜风味家宴综合实训

综合实训目标

1. 初步了解中餐宴席及中餐宴会服务工作流程。

2. 初步掌握鲁菜宴席菜肴组配知识和相关文化。

3. 初步学会后厨与前厅服务岗位的配合，完成家宴中餐摆台及待客服务。

4. 能够在规定时间内，熟练运用熏、炝、烧、炒、炸、烩等烹饪技法，按照宴席制作流程完成小型家宴冷菜、热菜、面点的制作任务。

5. 在实践中感悟鲁菜的烹饪文化，在菜点制作和服务实践中精诚合作、精益求精，体验真实的工作过程。

明确实训任务

北京某餐馆承办了一单 5 人宴席，客人以北方人为主，兼有南方人。经前台推荐，客人选定了“二冷四热两主食”的菜单，并预订周四中午聚餐。请餐饮服务团队在规定时间内完成准备、制作等服务，为客人献上一桌风味浓郁的鲁菜风味家宴。具体菜单如下。

冷菜	五香熏鱼　糖醋莲花白
热菜	葱烧蹄筋　爆炒腰花　博山豆腐箱
汤	酸辣汤
面点	干烧伊府面　米饭

制订工作方案

一、分析任务

填写任务分析单。

本项目教学课件

菜单制作

视频：糖醋莲花白

视频：爆炒腰花

视频：博山豆腐箱

视频：
酸辣汤

宴席类型	就餐人数	客源地区	客人需求	就餐场所	清真	回头客
小型家宴	5人	山东济南	鲁菜	小包间	□是 ☑否	□是 ☑否
客人年龄段	□老年 ☑成年 □未成年					
菜肴名称	技法、口味、口感要求					菜肴成本
五香熏鱼	运用炸、熏技法；口味要求咸鲜微甜；口感外酥里嫩					
糖醋莲花白	运用泡、腌技法；口味要求香辣酸甜；口感脆嫩					
葱烧蹄筋	运用葱烧技法；口味要求葱香浓郁，咸鲜微甜；口感软嫩					
爆炒腰花	运用爆炒技法；口味要求咸鲜微酸，葱姜蒜味浓郁；口感鲜嫩					
博山豆腐箱	运用瓤、蒸技法；口味要求咸鲜，软嫩入味；口感软嫩					
酸辣汤	运用红烩技法；口味要求咸鲜酸辣，胡椒粉多一点；口感滑嫩					
干烧伊府面	运用干烧技法；口味要求咸鲜回甜，无汤汁；面条爽滑入味					
米饭	运用煮、焖技法；口味清香；口感偏软一些					
新技能需求						总计

二、知识技能准备

（一）宴会分类

一般宴会的常见形式有中餐宴会、西餐宴会、家宴、国宴、招待会、商务宴、酒会、茶会、工作餐等。

1. 中餐宴会 中餐宴会是指具有中国传统民族特色的宴会。宴会按照中国的饮食习惯，用中国酒、中国菜肴、中餐餐具，行中国的传统礼节。

2. 西餐宴会 西餐宴会是以西方国家举行宴会的布置形式、用餐方式、风味菜肴而举办的宴请活动。

3. 家宴 家宴即家人相聚宴饮，为家人、朋友等私人聚会所设的宴席。这是一种非正式宴会，常见的有午宴、晚宴，有时也有早宴。其最大特点是简便、灵活，可不排席位、不做正式讲话，菜肴也可丰可俭。有时还可以自助餐形式，自由取餐，可以自由行动，更显亲切随和。

4. 国宴 国宴特指国家元首或政府首脑为国家庆典或外国元首、政府首脑来访而举办的正式宴会，是宴会中规格最高的。按规定，举行国宴的宴会厅内应悬挂两国国旗，安排乐队演奏两国国歌及席间乐，席间有主、宾双方致辞、祝酒环节。正式宴会除不挂国旗、不奏国歌及出席人员的身份有差异外，其余的安排大体与国宴相同，有时也要安排乐队奏席间乐，主、宾均按身份排位就座。许多国家对正式宴会十分讲究，对餐具、酒水、菜肴的道数及上菜程序均有严格规定。

5. 招待会　招待会是指一些不备正餐的宴请形式。一般备有食品和酒水饮料，不排固定席位，主宾活动不拘形式。较常见的有冷餐会。此种宴请形式的特点是不排席位，菜肴以冷食为主，也可冷、热兼备，连同餐具一起陈设在餐桌上，供客人自取。客人可多次进食，站立进餐，自由活动，边谈边用。冷餐会的地点可在室内，也可在室外花园。对年老、体弱者，要准备桌椅，并设服务员招待。这种形式适宜招待人数众多的宾客。我国举行大型冷餐会往往用大圆桌，设座椅，主桌安排座位，其余各席不固定座位。食品和酒水饮料均事先放置于桌上，冷餐会开始后，宾客自行进餐。

6. 商务宴　商务宴通常是指因为商业需要而举办的活动，多为合作伙伴之间或公司之间为某项业务（如洽谈、签合约、庆祝某项合作等）而举办的宴会。有自助宴会和正式宴会两种模式，自助宴会的礼仪要求比较简单，正式宴会要做好各种会前沟通和准备。

7. 酒会　酒会又称鸡尾酒会，较为活泼，便于广泛交谈接触。招待品以酒水为主，略备小吃，不设座椅，仅置小桌或茶椅，以便客人随意走动。酒会举行的时间亦较灵活，中午、下午、晚上均可。请柬上一般注明酒会起止时间，客人可在其间随意入席、退席，来去自由，不受约束。鸡尾酒是用多种酒配成的混合饮料，酒会上不一定都用鸡尾酒，也可备置多种酒品、饮料，但不用或少用烈性酒。饮料和食品由服务员托盘端送，亦有部分放置于桌上。近年来，国际上举办大型活动广泛采用酒会形式。

8. 茶会　茶会是一种更为简便的招待形式。它一般在早午茶或下午茶时间（上午 10 时、下午 4 时左右）举行，地点常设在客厅，厅内设茶几、座椅，不排席位。如为贵宾举行的茶会，入座时应有意识地安排贵宾与主人坐在一起，其他出席者随意就座。茶会，顾名思义就是请客人品茶，故对茶叶、茶具及递茶礼仪均有规定，以体现茶文化。茶具一般用陶瓷器皿，不用玻璃杯，也不用热水瓶代替茶壶。外国人一般用红茶，略备点心、小吃，亦有不用茶而用咖啡者。

9. 工作餐　工作餐是另一种非正式宴请形式。按用餐时间分为工作早餐、工作午餐、工作晚餐，主宾双方可利用进餐时间，边吃边谈。我国现在也开始广泛使用这种形式于外事工作中。它的用餐多以快餐分食的形式，既简便、快速，又干净卫生。此类活动一般不请配偶，因其多与工作有关。工作餐往往以长桌安排席位，其座位与会谈桌座位排列相仿，便于主宾双方交谈、磋商。

（二）宴席规格

宴席按其规格分为高级宴席、普通宴席、斋席等。

1. 高级宴席　高级宴席是用山珍海味或土特产为原料，经名厨精心烹调而成的菜肴所组成的宴席。其款式丰富，色、香、味、形俱佳，餐具讲究，如燕菜席、鱼唇席、海参席等。

2. 普通宴席　普通宴席是用猪肉、牛肉、羊肉和鸡、鸭、鱼等一般原料制作的菜肴和一般餐具所组成的宴席。此种宴席经济实惠，不尚浮华。民间婚嫁、举丧、酬谢、团聚、送别、迎接等，常采用此种宴席。

3. 斋席 斋席又称素席。此种宴席所用原料以豆制品、蔬菜、植物油为主，仿荤菜菜式制作而成。此种宴席起源于寺庙。

（三）中国名宴——孔府宴

2018 年 9 月 10 日，由中国烹饪协会联合河南省商务厅共同主办的首届向世界发布“中国菜”活动暨全国省籍地域经典名菜、名宴大型交流会在郑州举行。会上，中国烹饪协会历史首次发布《中国菜——全国省籍地域经典名菜、主题名宴名录》。其中，入选山东十大主题名宴的有碧波太公宴、聚乐村四四席、孔府宴、临朐全羊宴、泰山豆腐宴、蓬莱八仙宴等。下面就介绍一下闻名全国的孔府宴。

孔府是孔子及其后人居住的地方，中国朝代更迭不断，而孔府却能独善其身。一个朝代被取代，新的当权者往往也会继续优待孔家后人，自宋朝开始，孔子嫡长子孙被封为衍圣公。

长此以往，孔府逐渐成了一个典型的中国大家族居住地和中国古文化发祥地，历经两千多年长盛不衰，兼具家庭和官府职能。既举办过各种民间家宴，又宴迎过皇帝、钦差大臣，集中国宴席之大成。

孔子认为“礼”是社会的最高规范，宴饮是“礼”的基本表现形式之一。孔府宴礼节周全，程序严谨，是中国古代宴席的典范。

选料严格，制作精细，以北方菜为基础，是通过不断充实创新而逐渐发展形成的一种独具风味的家宴，流传至今，已是鲁菜的重要组成部分。

1. 分类 孔府宴已演化出多种类型，主要分成以下 5 种。

（1）寿宴：孔府专门备有册簿，记载衍圣公及夫人、公子、小姐等主要人员的生辰，届时要设宴庆祝，这样周而复始，形成了寿宴。

寿宴上的佳肴非常精美，餐具讲究，陈设雅致。菜肴名称也各有寓意，如“福寿绵长”“寿惊鸭羡”“长寿鱼”等。其中，“一品寿桃”是孔府寿宴中的第一珍肴。

（2）花宴：衍圣公和公子的婚礼及小姐出嫁时所设的宴席。孔府一向联姻高门，因此，花宴自然高贵而体面。

这类宴席，席间空出“喜”字，席中心有“双喜”形高盘。菜肴名称也贴切雅致，如“桃花虾仁”“鸳鸯鸡”等。

（3）喜庆宴：凡孔府内遇受封、袭封、得子等喜庆之事，都要办宴祝贺。这种宴席往往突出喜庆气氛，在开席前要鸣放鞭炮。菜肴名称多美好，寓吉祥之意，如“四喜丸子”等。

（4）迎宾宴：迎接圣驾或款待王公大臣等高级官员时所用的宴席。由于孔府的特殊政治职能和地位，有时皇帝亲自来曲阜祭孔，有时派王公大臣前来，接待这些高级官员的宴席规格较高。其中最华贵的是清代的满汉全席，专门用于招待皇帝和钦差大臣。

迎宾宴讲究排场和华贵，除满汉全席外，还有全羊席、海参席等。

（5）家常宴：孔府接待亲友所用的宴席，菜品也常常随季节而变换。孔府内除内厨、外厨外，还有自设的小厨房，烹调各自的饭菜。

2. 等级　孔府宴分为三六九等，单就较高级的两等来说，其菜肴数量之多、佳肴之丰美，便已惊呆世人。

如清代以来，第一等孔府宴，即招待皇帝和钦差大臣的满汉宴，又称满汉全席，是清代国宴规格。

一桌宴席需餐具 404 件，每件餐具又分 2 层。全席要上 196 道菜，有满族的全羊烧烤，还有全盒、火锅、汤壶等。十个人需整整吃四天，才能将 196 道菜肴尝完。

（1）第一等孔府宴演变至今，也成了国宴常用宴席之一，如 2018 年上海合作组织青岛峰会欢迎宴会（以下简称欢迎宴会），便是采用第一等孔府宴的规格和菜式，只是具体菜肴的品种和数量会酌情删减。

（2）第二等孔府宴是平时寿日、节日、待客的宴席，菜肴随宴席种类而定，通常为鱼翅四大件和海参三大件。

①鱼翅四大件。开始先上八个盘（干果、鲜果各四个），而后上第一个大件鱼翅，接着跟两个炒菜行件；第二个大件为鸭子大件，跟两个海味行件；第三个大件为鲑鱼大件，跟两个淡菜行件；第四个大件为甘甜大件，如苹果罐子，后跟两个行菜，如冰糖银耳、糖炸鱼排。随后上两盘点心，一甜一咸。

接着再上饭菜四个（四个瓷鼓子），如果上一品锅，可代替四个瓷鼓子。因为锅内有四样，白松鸡、南煎丸子加油菜、栗子烧白菜、烧什锦鹅脖。而后上四个素菜，紧跟四碟小菜，最后上面食。（出于生态平衡的保护，曾有人大代表提交《关于制定禁止公务和官方宴请消费鱼翅规定的建议》。）

②海参三大件。海参三大件也是先上八个盘，然后上海参大件，第二、第三个大件是神仙鸭子、花篮鲑鱼（又称季花鱼）或诗礼银杏。每个大件也要跟两个行菜，如炸熘鱼、三鲜汤等，饭菜仍是四个，如元宝肉、黄焖鸡等。如果是燕菜席四大件，就要有带烧烤的菜，如烤鸭、烤猪、珍珠海参、玉带虾仁等。在饭菜方面，秋天是菊花火锅，两火锅一荤一素；冬天是杂烩火锅、什锦火锅和一品锅。

现在为旅游者开设的孔府宴，即采用第二等宴席方式。

3. 菜式 孔府宴菜肴的命名极为讲究，寓意深远。有的沿用传统名称，也有的取名典雅古朴，富有诗意，如诗礼银杏等，还有用以赞颂其家世荣耀或表达吉祥如意的名称，如“吉祥如意”等。

每道孔府菜都有一个美丽的传说，如“万寿无疆”，据说是第 76 代衍圣公孔令贻向慈禧太后祝寿的佳肴，慈禧太后尝后甚悦，遂赐孔令贻“紫禁城骑马”殊荣，如今这道菜仍是孔府宴中的保留菜肴。

值得一提的是，孔府的糕点如黑麻糕、元宝酥、如意饼、寿桃等，制作十分精巧且形色优美，为一般点心所不及。

孔府宴对于盛器也十分讲究，银、铜、锡、瓷、玛瑙、玻璃等各质餐具齐备，因事而馔而用，取其形象完美。在多种盛器中，除鱼、鸭、鹿等专用象形餐具外，还有方形、圆形、元宝形、八卦形、云彩形等器具。这些盛器点缀了席面，有富丽堂皇之感。

如今，鲁菜名厨在继承孔府烹调技术的同时又不断创新，在旧菜的基础上发展出一些新的品种，如霸王别姬、雪里闷炭、熊猫闹银杏、桂花金枣、虎卧尼山、笔虾仁、八仙过海闹罗汉、八宝龙篮、福寿燕菜、孔门子肉、珍珠海参、一品寿桃、鸡蓉干贝、花篮鲑鱼、一卵孵双凤、鸳鸯鸭子、一品豆腐、乌云托月、阖家平安、猴头扒鸡、雪中藏麦等，使孔府宴更加精美。

如欢迎宴会，就是菜品研发团队在传统孔府宴菜式上进行改良，传承经典，改良提升，古今融合，打造出的新式孔府宴。欢迎宴会精选了四菜一汤，孔府一品八珍盅、孔府焦熘鱼、孔府神仙鸭、孔府酱烧牛肋排、鲁味烧双冬，充分展示了鲁菜的精髓，融入古今烹调的多种技艺。下面就带大家看看欢迎宴会菜肴制作的“含金量”。

（1）孔府一品八珍盅。汤菜提鲜，靠 10 小时炖制。孔府一品八珍盅经过 8 小时的炖煮，加上 2 小时的调试，耗时 10 小时才呈现于餐桌之上。国宴的汤类菜肴不能使用过多的调味品，所以大多靠食材本身提鲜。这道菜的关键是要用鸡汤煨制，经过长时间的炖制，汤汁依然保持既清澈又浓鲜，很见功底。

传统：鲁菜精于制汤，讲究先煮后吊出清汤。

改良：孔府一品八珍盅与传统菜肴当朝一品锅类似。一品，象征古代的最高官阶，孔府曾用鸡、猪蹄、鸭、海参、鱼肚等各种珍贵原料烹制成汤菜，因乾隆皇帝赐名而得名。本次宴席以清真菜为主，对部分原料进行了替换，通常会用禽类、海产、菌菇、笋、枸杞等较为养生的食材。

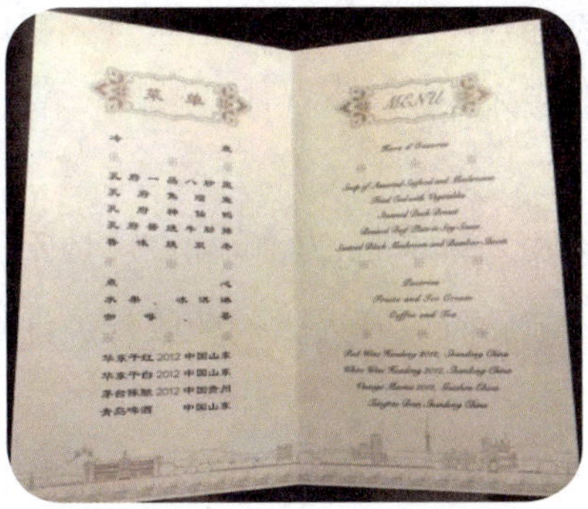

吊汤的5个细节技巧：及时撇浮沫，使汤色清亮；洗料水滤净入汤桶，增加鲜香；鸡鸭不垫锅底，否则久煮易烂；扫汤鸡蓉70 ℃下锅，避免沸腾后不出鲜味；用鸡腿蓉和鸡胸蓉分2次扫汤，提升吸附作用。

（2）孔府焦熘鱼。焦熘外酥里嫩，关键是选料和火候。

焦熘鱼先炸后熘，鱼肉外层香酥饱满，内里鲜嫩可口，芡汁光亮，装盘时搭配5种菌蔬。

传统：焦熘又称炸熘、脆熘，先将加工成型的原料调味、挂糊或拍粉，炸至外焦里嫩，再用芡汁熘制成菜，分为锅内熘和锅外熘。焦熘菜注重选料、切配、上浆和火候。

改良：传统的孔府焦熘鱼一般使用鳜鱼，但此次国宴用银鳕鱼代替淡水类的鳜鱼。鱼片较厚，似块状，这样切制，热烹时鱼肉不容易散碎。

焦熘技巧：芡汁不能太浓，以流质为宜；可以采用高温短时的技巧，达到色泽金黄，焦脆又软嫩的口感；熘汁可将兑好的味汁顺勺边熘入，使之在较短时间变黏糊化，渗入鱼肉。目前还有一种改良的新做法是将原料切块后浇番茄汁，使其色泽橙红，滋味咸鲜酸甜。

（3）孔府神仙鸭。鸭胸不油腻，密封隔水蒸是妙招。

孔府神仙鸭将鸭拆骨取胸肉，与笋、菇等配料，加清汤调味，密封隔水蒸熟，因为没有接触过多的空气，整体滋味比较清鲜，取出后撇去表层的浮油。

传统：孔府神仙鸭因古时蒸制的时间以点燃三炷香为准，犹如供奉神灵而得名。鸭肉软糯不腻，醇香四溢。

改良：将传统以大碗盛放形式的带汤汁鸭，改成将鸭胸切成精美造型，入盘搭配菌蔬装饰。

隔水蒸技巧：可选用较嫩的雄肥鸭，隔水蒸时将表层封严实，避免蒸馏水进入鸭肉，影响浓郁的香味。蒸时用大火，气要足，时间要长，才能彻底入味。

（4）孔府酱烧牛肋排。肋排入味，酱烧手法增香气。

孔府酱烧牛肋排，色泽红亮，肉质软嫩，突出酱香味。将牛肋骨加少许调料焯水，再加炒好的酱料大火烧开定色定味，然后转小火，加盖焖烧，最后阶段开大火勾芡收汁，注意不要完全收干，留一点酱汁关火，使菜肴滋润发亮。

传统：酱烧是将甜面酱、黄酱或腐乳酱下入锅中炒香，再加入调料和适量鲜汤炒匀，然后放入油炸或蒸制、焯水的原料，烧至酱汁均匀裹覆于原料上，最后收汁成菜。

改良：传统做法要求菜肴见油不见汁，改良酱烧牛肋排是位上西餐式，餐盘中搭配一抹酱汁，并与烹好的胡萝卜、西兰花、山楂、青豆一同呈现。

酱烧技巧：酱的颜色不要太深，炒酱时注意火候，火力太大容易炒煳，应用热锅温油，小火慢炒；先炒再烧，勾芡巧添滑润度。

（5）鲁味烧双冬。笋片清脆，香菇绵软柔韧，芡汁爽滑，滋味醇厚，营养丰富。笋切好后可以多过几遍水，泡一会儿再焯制，能去除更多的涩味和异味。干香菇用凉水泡，不要用热水泡，能保留更多香气和营养。

传统：当锅内油温达七八成热时放入笋和香菇，调味后翻炒几下加入鲜汤，用中火烧开，改小火烧透入味，最后以旺火勾芡，淋麻油出锅装盘。

改良：以小金瓜作为笋和香菇的碗状盛器，加上碧绿的配菜，造型精美生动。

勾芡技巧：用二流芡勾制，即呈半流体状的芡汁，注意其稀稠度要适中，不要太稠，可增加口感的滑润度，等烧到汤汁还剩三成时加水淀粉勾芡。

（6）三色水饺萝卜酥。晚宴菜单还有精美的点心和甜食，比如三色水饺萝卜酥、提拉米苏配水果冰激凌等。

孔府菜是中国官府菜中历史最悠久的一脉。两千多年前，孔子提出了“食不厌精，脍不厌细”的观点，尤其“不时不食”的观点对我国的饮食文化产生了深远影响。

食材考究，精选山珍海味、瓜果菌蔬等；厨艺精湛，包含多种技法，刀工、吊汤、成型……每一步加工都精工细作，逐渐形成了独具一格的孔府名菜。

烹饪最见功力的就是“五味调和百味香”，孔府菜滋味醇香，不极致、不冲突，浓淡颇为平衡，烹调中的“味之和”与儒家思想的“中和”相一致。从原料配伍、烹饪调味、火候的轻重缓急、菜肴的形状色泽、上菜的节奏等方面相互协调，追求和谐的整体效果。

孔府菜历经千年，融合了厨艺与文化。此次欢迎宴会，菜品研发团队经过2个多月的研制，传承精髓又创意改良，使其在世界舞台焕发出新的光彩。

孔府宴融合古今烹调技艺，汇聚南北饮食精华，在原料选择、菜肴烹饪、宴席设计、糕点制作以及饮食礼仪等诸方面都达到了极高的文明境界，尤以做工精细、善于调味、讲究盛器而著称，给人雄浑庄严、华贵典雅、口味醇厚的感觉。

（四）鲁菜风味家宴的技术特点

齐鲁风味以山东菜为代表，山东菜又称鲁菜，是我国古代四大菜系之一。

鲁菜由济南、福山、济宁三路不同风味特点的地方菜系组成。鲁菜之长在于用料广泛，选料考究，刀工精细，调和得当，形色兼美，工于火候；烹调技法全面，尤以爆、炒、烧、炸、熘、蒸、扒见长；风味特点则有十六字诀，即咸鲜为本，葱香调味，注重用汤，清鲜脆嫩。

（五）经典鲁菜介绍

1. 葱烧海参　以刺参为主料，配以俗称“葱王”的章丘大葱。将章丘大葱用油炸成金黄色，发出葱油的芳香气味，更加诱人欲食，此菜是山东地区广为流传的风味名菜。色泽红褐光亮，咸鲜微甜，海参质地柔软滑润，葱香四溢，经久不散。

2. 绣球干贝　绣球干贝选用鸡脯肉、虾肉、肥猪肉等与干贝做成丸，采取蒸法，蒸熟浇汁，其色绚丽，吃起来干贝松软，馅心细嫩，鲜而不腻，甘美滑润。

3. 水晶肘子　水晶肘子是济南地方风味的传统菜肴。济南郊区农户家家养猪，经过历

代厨师的精心研制，逐步形成了具有独特风味的传统名菜——锅烧肘子、冰糖肘子、水晶肘子，合称“济南三肘”，其味不雷同，形色各异。水晶肘子选用猪肘肉为主料，配以芝麻酱、绿豆淀粉等，经过多道烹制工序，晶莹透明，肘肉透烂，肥而不腻，清爽适口，最宜夏季食用。

4. 油爆双脆 油爆双脆是山东地区传统名菜，由爆肚头一菜演变而来。油爆是指滚油爆炒加料起锅，要求火力旺，速度快，动作敏捷，瞬间完成。油爆双脆一端上桌，便有一股淡淡的蒜香味飘溢开来，诱人食欲。切成拇指般大小的肚块，盛在餐盘内显得洁白无瑕，细十字刀口经热油爆炒后微微张开，颇似欲开放的花朵，褐色的鸡肫点缀其中，给人以清雅无华的美感，入口细品，只觉肉质鲜嫩，稍加咀嚼，脆嫩可口，如配卤虾油蘸食，则别有风味。

（六）宴席服务三字经

做餐饮，需用心。其流程，要记清。客人来，迎进门。真心笑，问声好。请客坐，递毛巾。先点茶，热腾腾。上小吃，暖人心。再点菜，倾心听。点完菜，复述清。选酒水，问客人。开好酒，备好盅。何时上，遵客人。到上菜，先上荤。上一菜，报一名。客有问，回答清。如有鱼，须小心。头不敬，六不恭。最后上，青菜跟。菜上齐，请慢用。勤添水，察客情。有需要，速反应。要买单，核对清。先报数，后收银。要票否，先问清。是会员，录积分。票开足，钱点清。客起身，要提醒。让出门，送一程。齐声唤，谢光临。

（七）餐厅服务礼仪

1. 服务员的行为举止 在宾客面前不可交头接耳、指手画脚，也不可有抓头、搔痒、挖耳朵等一些小动作。

2. 服务员服务时 要面带微笑，和颜悦色，给人以亲切感；不要面孔冷漠，表情呆板，给人以漫不经心，不受重视感；要坦诚待客，不卑不亢，给人以真诚感；不要诚惶诚恐，唯唯诺诺，给人以虚伪感；要沉着稳重，给人以镇定感；不要慌手慌脚，给人以毛躁感；要神色坦然，轻松自信。

3. 服务中递交物品时 应站立，双手递交，态度谦逊，不得随便将物品扔给或推给客人。

4. 餐厅服务中的礼貌用语 礼貌用语要做到“七声十字”，“七声”，即问候声、征询声、感谢声、道歉声、应答声、祝福声、送别声，“十字”，即您好、请、谢谢、对不起、再见。

三、制订实训计划

根据实训项目内容和要求，讨论并填写综合实训任务计划书。

<table>
<tr><td>实训项目</td><td colspan="3">鲁菜风味家宴综合实训</td><td>宴会开餐时间</td><td></td></tr>
<tr><td>实训班级</td><td colspan="3"></td><td>指导教师</td><td></td></tr>
<tr><td>实训任务</td><td colspan="5"></td></tr>
<tr><td>实训地点</td><td colspan="5">□冷菜厨房 □热菜厨房 □面点厨房 □宴会餐厅</td></tr>
<tr><td>实训岗位</td><td colspan="5">水台、砧板、打荷、上杂、炒锅、冷菜、面点、划单传菜、餐厅服务</td></tr>
<tr><td rowspan="7">实训组织</td><td>人员分工</td><td>姓名</td><td>人数</td><td colspan="2">主要任务</td></tr>
<tr><td>总负责人</td><td></td><td></td><td colspan="2"></td></tr>
<tr><td>冷菜组</td><td></td><td></td><td colspan="2"></td></tr>
<tr><td>热菜一组</td><td></td><td></td><td colspan="2"></td></tr>
<tr><td>热菜二组</td><td></td><td></td><td colspan="2"></td></tr>
<tr><td>面点组</td><td></td><td></td><td colspan="2"></td></tr>
<tr><td>服务组</td><td></td><td></td><td colspan="2"></td></tr>
<tr><td rowspan="7">实训步骤及工作内容</td><td>实训步骤</td><td colspan="3">工作内容</td><td>学时分配</td></tr>
<tr><td>第一步</td><td colspan="3">布置任务：分析任务，填写任务分析单，学习补充相关知识和技能</td><td></td></tr>
<tr><td>第二步</td><td colspan="3">制订计划：填写综合实训任务计划书，各组明确工作任务和要求</td><td></td></tr>
<tr><td>第三步</td><td colspan="3">工作准备：在做好个人卫生的基础上，负责厨房工作的各组进行设备、工具、原料准备，确保安全、卫生；服务组准备餐具和用品，布置餐台及环境</td><td></td></tr>
<tr><td>第四步</td><td colspan="3">任务实施：各岗位按照工作页，有序开展任务，各组间加强沟通，合作完成鲁菜风味家宴的制作与服务工作</td><td></td></tr>
<tr><td>第五步</td><td colspan="3">实训评价：实训过程评价随工作任务检测单及时评价，顾客满意度请顾客填写，综合评价中平时检查占 40%，满意度评价占 30%，综合能力评价占 30%，并统计评价结果</td><td></td></tr>
<tr><td>第六步</td><td colspan="3">总结反思：个人总结实训中的得失，并对继续完成其他实训任务给出自己的提升目标</td><td></td></tr>
<tr><td>批准实施</td><td colspan="5">总厨建议：
经审核，实训计划可行，同意按本计划实施。
签字：</td></tr>
</table>

进入工作准备

一、宴会服务准备

（一）了解开餐前餐厅服务准备工作流程

掌握客人信息及要求→餐具、用具准备→宴会摆台和布置→环境卫生与整理→工作台摆放饮料及服务用具→准备菜单→准备迎宾

（二）填写宴会服务准备任务单

实训项目	鲁菜风味家宴综合实训	工作评价	
工作任务	宴会服务准备细则		
	（1）中餐厅接到宴会预订单，要做到“三知三了解”，即知人数、知宴会菜单、知开餐时间，了解风俗习惯、生活忌讳、特殊需求。开餐前半小时，按宾客人数，准备好桌椅，按照摆台规范完成摆台和餐桌环境布置。做好一切准备，等候宾客到齐		
	（2）中餐宴会服务流程第一步是开餐前准备，准备工作做得是否完备与能否做好接下来的宴会服务有直接的关系。所以在这个环节中，各中餐宴会服务主管应做好相关的检查与管理		
	宴会服务准备工作流程	检查及评价	
		完整准确	不完整
	（1）了解客人需求：了解宾客来自地区、身份、宗教信仰、风俗习惯及饮食忌讳；知道主办单位，宴会日期、标准、人数、地点，内容目的及特殊要求等；了解宴会是否需要会议室、休息室，有无附桌及其他要求		
	（2）个人卫生及形象应符合的标准		
	①整体形象：自然大方得体，符合工作需要及安全规则，精神饱满，充满活力，整齐整洁		
	②头发状况：勤洗发、理发；梳理整齐，无头皮屑、无杂物，不染发、不烫发、不留怪异发型		
	③发型：前不遮眼，侧不扣耳，后不过领，即额前发不过眉毛，后面头发不过肩，不留披肩发		
	④发饰：发饰颜色为黑色或与头发本色近似		
	⑤面容：脸颈及耳朵绝对干净，不留胡须，鼻毛不准出鼻孔，上岗之前化淡妆（淡雅自然），不浓妆艳抹		
	⑥身体：上班前不吃异味食品，不喝含酒精的饮料，勤洗澡，无体味		

中餐摆台与座位安排

视频：中餐摆台与服务

Note

续表

实训项目	鲁菜风味家宴综合实训	工作评价	
工作任务	⑦装饰物：不能佩戴首饰（项链、耳环、手镯及夸张的头饰），只允许佩戴手表、工号牌、婚戒		
	⑧着装：着统一的岗位工作服，佩戴相应的领带、领结、领花或者丝带，工作服要干净、平整，无垢尘、无脱线，纽扣齐全扣好，不可衣冠不整，工号牌要佩戴在左胸前，不得歪斜；不要将衣袖、裤子卷起；衣袋里不能装任何物品，特别是上衣口袋，袖口要干净；内衣不能外露		
	⑨手部：指甲要修好，不留长指甲；保持干净，勤洗手；不能涂有色指甲油		
	⑩鞋袜：着黑色皮鞋，表面锃亮，无灰尘、无破损，着黑色袜子；或着黑色布鞋，表面干净；女员工着肉色连裤袜，不挂边、不破损、不滑丝		
	⑪整理场所：需整理仪表时，要到卫生间或工作间等客人看不到的地方，不要当客人的面或在公共场所整理		
	（3）餐具准备及要求：根据桌数和菜单选配银器、瓷器、玻璃器皿、台布、口布、小毛巾、桌裙、转盘等必备物品，餐具准备要留有余地（按多出20%准备）；准备好宴会菜单，菜单要美观精巧		
	（4）环境布置与摆台，做到合理、整洁、温馨：根据宴会的类别、档次进行合理布置，检查灯光、室温、音响、家具及其他设施是否完好。环境卫生：检查通道、走廊、卫生间，检查地毯、墙、柱、灯饰、窗帘、椅面、天花板，检查工作间、后台，检查艺术品、花卉、盆景等。摆放酒和饮料：按菜单要求备足各类酒水饮料，用布擦净酒水饮料的瓶子，在工作台或工作车上摆放整齐；根据宴会要求备好鲜花、香烟、水果等		
	（5）熟悉菜单和菜肴特色：便于服务和介绍，并根据菜单所列菜肴的服务要求，计算餐具的用量及特殊菜的配料，进行服务用具、用品的准备		
	（6）餐前短会：在服务员已基本完成各项准备工作，餐厅即将开门营业前，领班负责主持召开简短的餐前会		
	①检查所有服务员的仪表仪容，如头发、工作服、工号牌、指甲、鞋袜等		
	②使员工在意识上进入工作状态，形成营业气氛		
	③再次强调当天工作的注意事项，提醒重要客人的接待工作以及已知客人的特殊要求		
	餐前会结束后，值台服务员、引座员、收银员等前台服务人员迅速进入工作岗位，准备开门营业		
反思	遇到的问题及解决办法：		

二、厨房工作准备

（一）了解厨房工作流程

开档→完成菜肴加工、组配→完成菜肴半成品加工→完成菜肴烹制→成品装盘与整理→收档

（二）填写厨房准备工作页及自查表

实训项目	鲁菜风味家宴综合实训	检查及评价	
工作过程	冷菜厨房设备用具准备（实训人填写）	规范	欠规范
	检查设备：		
	备齐用具：		
	热菜厨房设备用具准备（实训人填写）	规范	欠规范
	检查炉灶设备：		
	检查炉灶用具：		
	炉灶试火、试水是否安全通畅：		
	调料用具：		
	面点厨房设备用具准备（实训人填写）	规范	欠规范
	检查设备：		
	备齐用具：		
	安全卫生（实训人填写）	规范	欠规范
	重视安全与卫生：		
	规范垃圾分类与处理：		
反思	所有规范要求是否做到，如有遗漏，请分析原因：		

检查人：　　　　时间：

（三）填写菜肴原料准备工作页

实训项目	鲁菜风味家宴综合实训		工作评价	
工作过程	菜肴名称	冷菜原料准备	齐全规范	欠规范
	冷菜 1	主料		
		配料		
		调料		
		过程		
	冷菜 2	主料		
		配料		
		调料		
		过程		
	菜肴名称	热菜原料准备	齐全规范	欠规范
	热菜 1	主料		
		配料		
		调料		
		过程		
	热菜 2	主料		
		配料		
		调料		
		过程		
	热菜 3	主料		
		配料		
		调料		
		过程		
	热菜 4	主料		
		配料		
		调料		
		过程		

续表

实训项目	鲁菜风味家宴综合实训		工作评价	
工作过程	菜肴名称	面点原料准备	齐全规范	欠规范
	面点 1	主料		
		配料		
		调料		
		过程		
	面点 2	主料		
		配料		
		调料		
		过程		
反思				

检查人：　　　　时间：

制作与服务

一、了解厨房制作与餐台服务工作衔接程序

信息沟通→餐前检查→接料确认→菜肴烹调→装盘检查→划单传菜

（一）餐前信息沟通

后厨与前厅服务员对客人需求、出菜时间等进行确认。

（二）餐前检查、接料确认

接到打荷厨师传递配份好的菜肴原料或经过上浆、挂糊及其他处理过的菜料，首先确认菜肴的烹调方法，确认工作应在 10 ～ 20 秒完成。

（三）菜肴烹调

（1）根据工艺流程要求，按打荷厨师分发的顺序对各种菜肴进行烹制，烹制成熟后，将菜肴盛放在打荷厨师准备好的餐具内。

（2）炒锅厨师烹制相同的菜肴时，每锅出品的菜肴为 1 ～ 2 份。

Note

（3）如果有催菜、换菜或需优先烹制的菜肴，应在打荷厨师的协调下优先烹制。

（四）装盘检查

（1）炒锅厨师将烹制好的菜肴装盘后，应在打荷厨师整理、盘饰前进行质量检查，检查的重点是菜肴中是否有异物或明显的失饪情况，一旦发现应立即处理。

（2）冷菜、打荷、面点厨师根据审美需求及菜肴格调，对装盘的菜肴进行必要的点缀装饰。盘饰美化的原则是美观大方、恰到好处，以不破坏菜肴的整体美感为宜，并要确保菜肴的卫生安全。

（3）各岗位传菜人员对装盘完毕的菜肴和面点进行质量检查，主要检查是否有明显的异物等，检查过程要认真、迅速。

（4）冷菜、打荷、面点厨师在将菜肴交到餐厅服务员手中之前，应准确核对菜肴是否与菜单中菜肴一致。

师傅点拨

1. 卫生检查　在企业中，将烹制及盘饰完毕的菜肴经过严格的感官卫生检查，认为合格并核对后，快速传递到传菜口，交给传菜员。如果属于催菜或换菜，应特别告知传菜员。

2. 上菜顺序　宴席菜肴上桌的顺序，各地的习惯不同，但一般的顺序是先冷菜，后热菜，先菜肴后糕点，先咸后甜，先炒后烧，先好的后普通的，先多的后少的，先油腻的后清淡的。

在上每一道新菜时，需将上一道剩菜移向第二主人一边，将新上的菜放在主宾前面。在上有图案的菜肴时，如孔雀、凤凰等拼盘，应将菜肴的正面朝向主宾，以供主宾欣赏和食用。

3. 厨房菜品“十不传”　菜品不热不传，餐具破损不传，菜品无单不传，菜品盘脏不传，菜品量少不传，菜品有味不传，菜品无盖不传，菜品不符不传，点缀不好不传，不带辅料不传。

二、填写菜肴制作工作页

每道菜肴填写 1 份。

实训产品	爆炒腰花		宴会开餐时间	
本人任务	工作岗位：菜肴烹制			
实训地点	□冷菜厨房　□热菜厨房　□面点厨房　□宴会餐厅		自检评价	
			齐全规范	欠规范
操作步骤	1	水台：将腰子一片两开，片去腰臊，洗净		
	2	砧板：先用斜刀在腰子肉面上锲成一条条平行刀纹，再转一个角度，用直刀锲成一条条与斜刀成直角相交的平行刀纹，然后每片改四刀成窄长条；玉兰片、木耳、青菜均切片		

续表

实训产品	爆炒腰花		宴会开餐时间	
操作步骤	3	组配：按照菜肴标准用量组配菜肴		
	4	烹制菜肴： （1）用清汤、湿淀粉、酱油、味精、香菜梗、香油兑成汁水 （2）先将腰花入沸水内氽，捞出控净水，勺内放入油500克，烧至九成热时倒入腰花，迅速捞出，控净油分 （3）勺内加底油25克，烧热，用葱、蒜爆锅，随即烹入醋，加玉兰片、木耳、青菜煸炒，再放入腰花及兑好的汁水快速翻炒成浓熘芡，装盘即成		
	5	监督打荷：擦拭盘边，整理美化菜肴		
	6	提醒打荷传菜：划单传菜给前厅传菜服务员，告知桌号、菜点名称及特殊注意事项		
完成情况				
反思改进	1. 列出工艺关键： 2. 找出不足，提出改进措施：			

师傅点拨

技法园地——炒

煸炒：原料不炸油煸炒，葱姜蒜料酱汁调，勤煸散煸控节奏，火候均匀成佳肴。
生炒：改刀丝丁条块片，无需浆糊码味腌，直接下锅快速炒，断生调味不勾芡。
熟炒：原料煮熟细加工，旺火热油速炒成，白糖加入提鲜味，南北酱料滋味增。
滑炒：原料上浆碗内抓，顺七倒三温油滑，葱姜炝锅快翻炒，鲜嫩滑软人人夸。
清炒：原料细小是关键，码味上浆不勾芡，回锅调味温油滑，盘底无汁清爽鲜。
小炒：原料加工上浆腌，急火炒熟推锅边，配料下锅对芡汁，蜀中风味寻常见。

干炒：精细加工生原料，不腌无需浆糊调，煸干水分稍加油，味型辛辣口味妙。

三、家宴餐中服务

（一）了解家宴服务流程

站立迎宾→接挂衣帽→拉椅让座→询问茶水→打开口布→撤筷套→斟倒茶水→通知起菜→酒水服务→上菜服务→检查并送客

小贴士：

（1）本流程省略了“结账”环节。

（2）各地政府明令禁止室内吸烟，流程中取消了“摆烟灰缸”的服务环节。

师傅点拨

餐饮服务需要掌握六大技能：托盘、摆台、餐巾折花、斟倒酒水、上菜、分菜。

只有掌握了这些服务技能，学会积累总结工作经验，不断提升服务水平，才能使餐饮企业得到更多客人的积极评价和社会的认可。

（二）餐中服务

（1）客人到时，行 15° 鞠躬礼并礼貌问候“您好，欢迎光临”。注意：会员问候语“××先生 / 女士，您好，欢迎光临”。

（2）天冷时，客人入座后为客人点茶，问候客人：“天凉了，为您冲壶热茶，我们这里有 ×× 茶。”同时撤筷套、翻茶碗，重复客人所点茶水，并将菜单奉上，请客人先自行选菜，为客人开单、冲茶、点菜。

（3）服务员应注意每桌菜肴的冷热搭配、荤素搭配、营养搭配、菜量搭配；要向客人介绍菜肴特色及企业文化、品牌特色。

（4）服务员应注意询问客人有无忌口及特殊要求。

（5）服务员要了解菜肴制作情况，向客人说明上菜时间，使客人对自己的用餐时间及菜肴清晰明了。

（6）天冷时，餐中注意观察客人用餐情况，如客人有感冒迹象，应提供姜汤及相关问候。

（7）向客人说明如需服务，可按服务铃。

（8）上菜时，注意上菜位置，要语言提示客人避让，不能从客人头顶上菜，不可打断客人的交谈。

（9）餐中服务员巡台查看上菜情况，发现开胃碟 10 分钟内未上时，及时通知划单传菜人员提供赠品。注意上菜顺序，发现问题及时通知传菜人员调整；发现20分钟未上的菜，须按催菜制度及时到各部进行催菜，并将催菜结果向客人做必要说明；催菜时需下催菜小票，并在各部菜单上注明催菜时间、姓名。

（10）餐中服务员巡台，菜上齐了应向客人说明，并在菜单上注明“齐”；注意询问客人是否需要加菜、加酒，并祝客人用餐愉快。

（11）餐中客人需要特殊调料、餐具时，应及时提供。

（12）餐中客人点啤酒、红酒、白酒等，应提供相应的配套服务。

（13）餐中提供加热菜肴、特殊酒水的服务时，需下单通知划单传菜人员。

（14）餐中服务时，添完茶后，茶壶摆台时，壶嘴不能冲向客人，统一朝外摆放。

（15）餐中服务时，注意不论客人在与不在，都应将茶壶盖翻放在桌子上添水，避免弄脏。

（16）餐中服务时，注意开启易拉罐饮料时，应先擦拭罐口，背向客人打开，提供斟倒服务。

（17）餐中服务时，注意上餐具或上菜时切忌用手碰到客人就餐接触的位置。

（18）餐中收拾台面时，不能用手直接抓取污物，注意必须使用服务夹。

（19）餐中客人要餐巾纸时，应根据人数分发，每人2张。

（20）餐中主动打开茶壶盖查看是否需要续水，及时为客人杯内添茶、添酒。注意桌上不能有空杯、空瓶。

（21）餐中在厅面行走时，注意两人以上必须成列、靠右行走。

（22）餐中为客人添茶、续酒时，抓住机会与客人沟通，征询客人意见，注意了解客人对菜肴、服务等的看法。

注意：其他实训项目的餐中服务参考本项目。

（三）填写餐中服务工作页

<table>
<tr><td>实训项目</td><td colspan="2">鲁菜风味家宴综合实训</td><td>宴会开餐时间</td><td></td></tr>
<tr><td>本人任务</td><td colspan="4">□迎接客人 □照顾入席（座） □茶水服务 □餐巾（含小毛巾）服务
□上菜服务（含分菜） □介绍菜肴特色 □征求意见，礼宾送客</td></tr>
<tr><td rowspan="2">实训地点</td><td colspan="2" rowspan="2">宴会餐厅</td><td colspan="2">自检评价</td></tr>
<tr><td>齐全规范</td><td>欠规范</td></tr>
<tr><td rowspan="3">服务步骤
（填写任务、规范、标准）</td><td>1</td><td>迎接客人</td><td></td><td></td></tr>
<tr><td>2</td><td>照顾入席（座）</td><td></td><td></td></tr>
<tr><td>3</td><td>茶水服务</td><td></td><td></td></tr>
</table>

续表

实训项目	鲁菜风味家宴综合实训		宴会开餐时间	
服务步骤（填写任务、规范、标准）	4	餐巾（含小毛巾）服务		
	5	上菜服务（含分菜）		
	6	介绍菜肴特色		
	7	征求意见，礼宾送客		
完成情况	自查情况、监督员质量监督情况：			
反思改进	服务难点、服务技巧及不足改进：			

师傅点拨

技能园地——迎宾

仪表端庄笑迎人，站台标准开关门；
欢迎光临请慢走，您好谢谢不离口；
与人和气脾气小，领位及时做向导；
订餐留位招呼好，安排等位难不倒；
为使餐饮生意兴，多留顾客多欢欣。

四、收档及整理

（一）餐厅餐后整理工作任务

（1）客人起身离席后，及时检查座位和台面，送还客人遗留物品。

（2）客人离开后，按顺序撤台，清点物品，整理清扫后台服务区域，清理工作台、工作车等用具；搞好卫生，宴会厅恢复原样；关闭电器设备（空调、暖风）。注意：不可大面积扫地、拖地。

（3）客人离开后，迅速恢复台面，做翻台准备工作。注意：动作要快，翻台后要标准化摆台。

（4）检查责任区内的电器设备是否关闭；检查责任区内的饰品是否完好；检查责任区的卫生是否合格；检查盘点结果是否无误。

（5）离开时，与他人做好交接工作。

HACCP 认证——关于剩余菜肴（再热食物）规范要求

（二）餐后清理操作规范

工作项目	操作规范	质量标准或要求
收台	检查完毕，及时将椅子归位，并清点口布、香巾，按照先收香巾、口布、香巾篮、玻璃器具、小勺、筷架、筷子等物品，后撤骨碟、茶杯、汤碗的顺序进行收台	（1）餐具、香巾数目准确，收台时轻拿轻放 （2）餐具分类清洗、存放，保持干净、无油污
清洗餐具	（1）准备三盆水，把餐具先放入有餐具清洗剂的水里，再放入有消毒液的水里，最后用清水冲洗；清洗干净的餐具用干抹布擦干，放于指定位置 （2）餐具清洗顺序：酒杯→金器→瓷器	餐具光洁明亮，无污迹、水迹，做到每餐消毒；干净餐具整齐摆放于橱内或用干净口布盖好
整理转芯、转盘，换台布	（1）用清洗剂擦拭转盘，再用干抹布擦净 （2）轻取转盘，拿下转芯，将用过的台布撤下，抖净杂物放于指定存放处，再将干净完好的台布及时铺上 （3）转芯和转盘按要求摆放好	抖净用过的台布上的污物；新铺台布干净，大小适中，无破损；转盘轻拿轻放，干净、光亮
摆放暖瓶	先用湿抹布将暖瓶从上到下擦拭干净，再用干抹布擦干，要注意将暖瓶盖里侧擦净，并放于指定位置	无水迹、无污迹、无破损
擦拭牙签筒、花瓶	用抹布按先干后湿的顺序，将牙签筒、花瓶擦拭干净，按标准摆放于桌面上	摆放整齐，无水迹、无破损
卫生清理	（1）由房间负责人对门窗、玻璃、地面、木制家具、地脚线、壁画、外环境走廊等进行清理，并摆放整齐 （2）门窗玻璃每周四擦拭一次（先用湿抹布，后用干抹布由上而下擦拭） （3）木质家具除每天清洁外，还要定期打蜡保养	无灰尘、无污迹，各项卫生符合要求
检查设施、设备安全状况	检查灯具、窗帘、香巾柜、桌椅、地面是否正常，若不正常，及时汇报领班，由领班填写维修报告单，经经理签字后报工程部维修；关闭电视、音响、空调、灯、门窗	认真负责，检查细致

（三）厨房收档工作任务

厨房垃圾箱

保管剩余原料：依据小组分工，对剩余的主料、配料、调料进行妥善保存，容易变质的原料封保鲜膜放入 0 ～ 4 ℃冰箱保存→擦拭整理货架→清洁电器设备，及时清理灭蝇灯→清洁炉灶和工具→关闭燃气灶具→关闭燃气总开关→清洁工作台面和水池→清洁地面→处理垃圾→关闭门窗→关闭电源（冷菜间开启消毒灯）

Note

（四）填写收档工作页及自查表

任务名称	各岗位工作任务要素	工作评价	
收档工作记录	冷菜收档	规范	欠规范
	热菜收档	规范	欠规范
	面点收档	规范	欠规范
	宴会服务收档	规范	欠规范
反思			

检查人：　　　　时间：

（五）送客操作规范

操作规范	质量标准或要求
客人用餐完毕，主动上前征询客人在本餐厅用餐的建议和意见，并做好记录，同时向客人表示感谢	认真诚恳，使用礼貌用语，把握好时机，及时反馈
根据客人用餐情况，主动征询客人是否需要打包；当客人提出需要打包时，应到收银台领取相应数量的袋（盒），将食品装入食品袋（盒）交给客人	礼貌周到，细致耐心
（1）客人起身离开时，主动拉开椅子，鞠躬送客，并提醒客人拿好随身携带的物品 （2）若客人带走企业物品，及时提醒客人 （3）送客人至餐厅门口，与客人道别，并说“欢迎您 / 你们下次再来”	举止得体，态度热情
再次检查客人有无遗留物品以及用具是否有损坏；如有，则及时上报领班处理	认真仔细，准确无误
（1）若发现客人有遗留物品，应立即寻找客人，并设法归还客人 （2）若客人已离开，将遗留物品交领班处理	诚实，不弄虚作假

组织实训评价

一、宾客满意度评价

评价内容	非常满意（10分）	满意（8分）	一般（6分）	有待改进（4分）
厨房服务（请来宾分项打“√”，并提出宝贵建议）				
菜肴味道				
菜肴色泽				
菜肴外形				
菜肴口感				
菜肴卫生				
餐厅服务（请来宾分项打“√”，并提出宝贵建议）				
服务态度				
服务用语				
环境布置				
菜单介绍				
服务规范				
您对菜品质量和宴会服务的建议：				

二、综合实训评价

拓展练习

职业综合能力评价						
评价要素	优秀（10分）	良好（8分）	合格（6分）	教师评价（30%）	小组互评（30%）	自我总结及评价（40%）
仪容仪表						
沟通能力						
解决问题能力						
卫生、安全						
总分						

项目二　川菜风味家宴综合实训

综合实训目标

1. 了解川菜宴席饮食文化和川菜技术特点。

2. 运用菜肴组配知识进行川菜宴席菜肴组配。

3. 较熟练完成家宴中餐摆台及待客服务。

4. 在规定时间内，后厨与前厅服务岗位配合，熟练运用卤、泡、干烧、辣烧、炒、氽、煮等烹饪技法，按照川菜宴席制作流程完成小型家宴冷菜、热菜、面点的制作任务和传菜服务。

5. 在实践中感悟川菜烹饪文化，在菜肴制作和服务实践中体验团队合作及真实的工作过程，积累宴席菜肴制作与服务工作经验。

本项目教学课件

中式宴席菜肴的结构

视频：糖醋小排

视频：宫保鸡丁

明确实训任务

四川一行 6 人来北京旅游，在北京某饭店电话预订了一桌小型家宴。经前台推荐，客人选定了“二冷五热一主食”的菜单，并预订中午聚餐。请餐饮服务团队在规定时间内完成准备、制作等服务，为客人献上一桌风味浓郁的川菜风味家宴。具体菜单如下。

冷菜	糖醋小排　四川泡菜
热菜	宫保鸡丁　干烧鲤鱼　麻婆豆腐　香菇炒招菜
汤	清汤冬瓜燕
面点	川东担担面

制订工作方案

一、分析任务

填写任务分析单（参考鲁菜风味家宴综合实训内容填写）。

视频：干烧鲤鱼

视频：麻婆豆腐

视频：香菇炒掐菜

视频：清汤冬瓜燕

视频：川东担担面

二、知识技能准备

（一）川菜宴席分类

巴蜀风味是指四川省地方风味，简称川菜，是我国四大菜系之一。

川菜的烹饪，历史悠久，源远流长，起源于巴国和蜀国。巴蜀两国，大致出现于西周至春秋时期，原是两个部族的名称。蜀族以现在的成都为中心，建立了奴隶制的蜀国；巴国则以现在的重庆为中心，建立了奴隶制的巴国。巴人和蜀人共同创造了有鲜明特色的巴蜀文化和烹饪技术。

川菜可分为高级宴席、普通宴席、市肆便餐及家常风味 4 大类。

高级宴席，选料严谨，制作精细，组合适宜，调味清鲜，多用山珍海味，配以时令鲜蔬，品种丰富，味别多变。代表名菜有芙蓉燕菜、麻酱鱼肚、家常海参、干煸鱿鱼丝、竹荪肝膏汤等。

普通宴席，又称田席，就地取材，菜重肥美，乡土风味，朴素实惠。所谓“三蒸九扣”便是其典型代表，名菜有龙眼甜烧白、龙眼咸烧白、坛子肉、东坡肘子、粉蒸肉等。

市肆便餐，以烹制快速，经济方便，适应多种需要为特点，以烧、炒、爆、熘、拌为主要烹调方法，主要代表菜有宫保鸡丁、水煮牛肉、口袋豆腐、鱼香肉丝、小笼粉蒸牛肉、干煸牛肉丝等。

家常风味，取材方便，操作简单，家喻户晓，普遍流行的菜肴有回锅肉、麻婆豆腐、开水白菜、连锅汤、大蒜鳝段等。

（二）川菜家宴的技术要点

味型多变是川菜最大的特点。川菜具有取材广泛、调味多样、菜式适应性强 3 个特征。有“食在广州，味在四川”之说。以吃辣椒为例，用法上有青椒、红椒、鲜椒、干椒、泡椒、糊辣椒、辣酱、辣椒油、辣椒面等之分，并与花椒、葱、姜、蒜、糖、醋等巧配炒合，烹调成千变万化的复合美味，形成麻辣、红油、糊辣、豆瓣、怪味、鱼香、家常、宫保等味型。

川菜在烹调技法上，讲究刀工、火候，千变万化，以小煎小炒、干烧干煸为主。炒菜不过油，不换锅，芡汁现炒现兑，急火短炒，一锅成菜。在烹调方法上，川菜有炒、煎、炸、爆、烤、烩、蒸、拌、焖、干烧、炸熏、泡、炖等 38 种之多，变化精妙。

川菜亦重用汤，所谓“川戏离不了帮腔，川菜离不了好汤”。川菜擅长根据原料，巧妙配合，形成了“清鲜醇浓、麻辣辛香、一菜一格、百菜百味”的独特风格。

（三）经典川菜介绍

1. 酸菜鱼 酸菜鱼用鲜鱼加酸菜制汤，因酸菜味酸，故得名。四川民间，初冬用青菜腌制酸菜，大坛储存，随用随取，可食至来年夏天。多以酸菜与鸡、鸭、鱼、肉做汤菜，酸鲜爽口，消暑解腻。酸菜鱼是四川家常菜中的名品，四川各家餐馆皆备此菜，闻名省内。随着袋装的酸菜在全国各地出售，酸菜鱼也随之风靡全国，在首都北京，几乎与宫保鸡丁齐名，家喻户晓。

2. 宫保鸡丁　宫保鸡丁菜名来源，众说纷纭，但共同的说法是宫保鸡丁因丁宝桢爱吃而得名。丁宝桢，清末贵州省人氏，曾任太子少保、太保，即太子的老师，因在宫廷内为官，被尊称为宫保。因丁宝桢原籍贵州，曾任山东巡抚、四川总督，故此菜风味归属有三：贵州菜、四川菜和山东菜。但“宫保”作为川菜中独有的味型，其在用料、用味上已有特定含义：原料中必须使用油酥花生仁和干辣椒节，味必须是辣型荔枝味。

宫保、鱼香、家常三种味型，为川菜所独创，三种菜式皆有辣味，而辣味又有所不同，宫保用干辣椒节炸香，突出糊辣味；鱼香用泡椒入菜，突出泡椒特有的酸辣味；家常用郫县豆瓣煸香，突出豆瓣辣味。真所谓“一菜一格，百菜百味”。宫保鸡丁荔枝味浓郁，更兼糊辣香型，成菜色泽棕红，散籽油亮，香辣酸甜，滑嫩爽口。

3. 鸡豆花　鸡豆花是四川传统名菜，至今已有百余年的历史。此菜为四川厨师的看家菜，成菜颇有特色，为川菜中清淡醇厚的代表菜之一。鸡豆花色泽雪白，形似豆花，以鸡为料，故得名。甫一入口，就会感到其嫩如豆花之质，细细品尝，又感到味道比豆花更胜一筹，而用以冲制“豆花”的汤是一种特制清汤，它也是以鸡为主要原料制成的，这种汤味极鲜美，清澈见底，汤中无一物。正所谓“吃鸡不见鸡，不似鸡肉，恰似鸡肉，胜似鸡肉”。鸡豆花为咸鲜味型，色泽洁白，成团不散，质地细嫩，咸味鲜美，营养丰富。

4. 麻婆豆腐　麻婆豆腐是四川成都久享盛誉的传统名菜。据传，晚清时期，成都万福桥边，有位脸上略有麻点的妇女，其夫姓陈，开了一间豆腐店，经她用熟油辣椒、花椒、豆豉烹制的豆腐味道特别鲜美，十分受人欢迎，于是被称为“陈麻婆豆腐”。曾有人赞道，“麻婆陈氏尚传名，豆腐烘来味最精；万福桥边帘影动，合沽春酒醉先生”。至清光绪年间，《成都通览》将该店列为成都的名菜名店。麻婆豆腐因其风味独特，以创制者的特征命名。此菜若以味取名，可叫麻辣豆腐；若讲烹制方法，也可叫烧豆腐。此菜为麻辣味型，在雪白细嫩的豆腐上，点缀着棕红色的牛肉酥馅、绿油油的蒜苗、红彤彤的汁色，闻之浓香扑鼻，集麻、辣、烫、嫩、酥、鲜、香于一体。

三、制订实训计划

根据实训项目内容和要求，讨论并填写综合实训任务计划书（参考鲁菜风味家宴综合实训内容填写）。

进入工作准备

一、宴会服务准备

（一）了解开餐前餐厅服务准备工作流程

掌握客人信息及要求→餐具、用具准备→宴会摆台和布置→环境卫生与整理→工作台摆放饮料及服务用具→准备菜单→准备迎宾

视频：
餐巾折花

（二）填写宴会服务准备任务单

可参考鲁菜风味家宴综合实训内容填写。

菜单的种类

（三）熟悉菜单

菜单是一个饭店的招牌，它往往能体现出饭店的特色、档次和服务水平。作为服务员，对本店菜单的熟悉程度，直接影响着服务质量与经营效果。

需熟悉菜单的变化、种类、内容，熟悉菜肴烹调方法、烹制时间及配料。

二、厨房工作准备

（一）了解厨房工作流程

开档→完成菜肴加工组配→完成菜肴半成品加工→完成菜肴烹制→成品装盘与整理→收档

（二）填写厨房准备工作页及自查表

可参考鲁菜风味家宴综合实训内容填写。

（三）填写菜肴原料准备工作页

可参考鲁菜风味家宴综合实训内容填写。

Note

制作与服务

一、了解餐台服务与厨房工作衔接程序

（一）服务员传送点菜单的手工操作流程

服务员在开好点菜单后，将进入厨房的一联（通常是三联单）送到厨房，交给厨师长，由厨师长分配给厨师烹制。也有的厨房有一个能转动的轮盘，挂着一个个夹子，服务员按先后顺序依次夹在轮盘上，厨师亦按先后顺序准备菜肴。如果有计时器，在订单进入厨房后，先打上进入厨房的时间，然后交给厨师长以便检查控制。

年　月　日

客人		服务员		包间号		餐台号	
菜品名称		数量		单价		金额	
合计（大写）：						经手人：	

师傅点拨

服务员在递交点菜单时，应当注意：

（1）遵守秩序，有特殊情况与厨师长商量，不得偷偷向前移动次序。

（2）订单上的特别要求应与厨师长解释清楚。

（3）要与厨师紧密协作，不大声喊叫，互相尊重，发扬团队精神。

（4）不得借故在厨房停留或与厨师聊天。

（二）服务员传送点菜单的点菜机操作流程

（1）客人到达后，迎宾员使用点菜机查询空台，为客人选取合适的台位。

（2）服务员请客人点菜的同时，使用点菜机查询客人的爱好、禁忌及上次所点的菜品。如客人使用饭店的储值卡，还可以查询账面余额。

（3）将客人点的菜输入点菜机，如果客人有口味要求，也同时输入。

（4）输入完毕后，服务员向客人唱报菜名及总消费额，客人确认后按传送键将菜单传回通信基站，点菜系统自动实现厨房下单。

（5）客人就餐的过程中，根据客人的要求，使用点菜机的催菜、缓菜、退菜、加菜、换台、并台、修改台头等功能为客人服务；菜品上桌后使用勾挑功能核查菜名；查询菜品在厨房的制作进度，如待作、制作中、待传；海鲜类菜品确认重量。无线点菜机还特别增加了短信功能，它能实现点菜机与点菜机之间、点菜机与总台之间、点菜机与库房之间、点菜机与总经理查询系统之间的短信互联，这样极大地方便了饭店的管理，各部门之间有事情需沟通就不用跑上跑下，发个短信就能轻松搞定，为饭店在管理和人力资源上节约了开支。另外，若客人在就餐的过程中有不妥当的行为，则可使用报警功能，悄悄向总台报告，这样既避免了冲突，又不会对饭店生意造成影响。

（6）客人就餐完毕，服务员用点菜机的“查账单”功能，查询客人消费总额。

（7）客人离去，前台结账完毕，点菜机自动清除数据，准备迎接下一批客人。

（8）同时服务多个台位时，以上服务过程可以自由交叉进行。

二、填写菜肴制作工作页

每道菜肴填写 1 份（可参考鲁菜风味家宴综合实训内容填写）。

师傅点拨

技法园地——爆炒

爆炒菜，选料精，丁丝片块是成型；料上浆，要冷藏，腌足质嫩口感好；
做菜前，调汁芡，口味标准成菜快；火要旺，锅要滑，烹汁快炒受热匀；
或滑油，或水氽，质地脆嫩易烹炒。

三、家宴餐中服务

（一）了解家宴服务流程

站立迎宾→接挂衣帽→拉椅让座→询问茶水→打开口布→撤筷套→斟倒茶水→通知起菜→酒水服务→上菜服务→检查并送客

（二）填写家宴餐中服务工作页

可参考鲁菜风味家宴综合实训内容填写。

四、收档及整理

（一）餐厅整理工作任务

可参考鲁菜风味家宴综合实训内容。

（二）厨房收档工作任务

可参考鲁菜风味家宴综合实训内容。

（三）填写收档工作页及自查表

可参考鲁菜风味家宴综合实训内容填写。

组织实训评价

一、宾客满意度评价

参考鲁菜风味家宴综合实训内容进行。

二、综合实训评价

参考鲁菜风味家宴综合实训内容进行。

拓展练习

Note

项目三 淮扬菜风味家宴综合实训

综合实训目标

1. 了解淮扬菜风味饮食文化和淮扬菜风味技术特点。

2. 运用菜肴组配知识进行淮扬菜风味宴席菜肴组配。

3. 运用餐前、餐中、餐后服务知识，熟练完成家宴中餐摆台及待客服务。

4. 在规定时间内，后厨与前厅服务岗位配合，熟练运用卷、汆、滑炒、红烧、煮、烩等烹饪技法，按照淮扬菜风味宴席制作流程完成小型家宴冷菜、热菜、面点的制作任务和传菜服务。

5. 在实践中感悟淮扬菜烹饪文化，在菜点制作和服务实践中体验团队合作精神及真实的工作过程，积累宴席制作与服务的工作经验。

本项目教学课件

视频：盐水虾

视频：清炖狮子头

视频：红烧划水

视频：鸡火煮干丝

明确实训任务

扬州一行 6 人来北京旅游，在北京某饭店电话预订了一桌小型家宴。经前台推荐，客人选定了“二冷六热一主食”的菜单，并预订当日来店用晚餐。请餐饮服务团队在规定时间内完成准备、制作等服务，为客人献上一桌淮扬菜风味家宴。具体菜单如下。

冷菜	盐水虾　紫菜蛋卷
热菜	清炖狮子头　三彩鸡丝　红烧划水　鸡火煮干丝　香菇扒菜心
汤	宋嫂鱼羹
面点	扬州炒饭

Note

视频：
香菇扒菜心

视频：
宋嫂鱼羹

制订工作方案

一、分析任务

填写任务分析单（参考鲁菜风味家宴综合实训内容填写）。

二、知识技能准备

（一）淮扬传统宴席

淮扬菜系乃我国四大菜系之一，其影响遍及长江中下游地区，在国内外享有盛誉。

著名的宴席有三头宴、红楼宴、淮安长鱼宴、太湖船菜宴、泰州梅兰宴、彭祖养生宴、扬州八怪宴等。开国第一宴也是以淮扬菜风味为主设计的。

有诗赞曰：

扬州好，佳宴有三头。蟹脂膏丰斩肉美，镬中清炖鲢鱼头，天味人间有。

扬州好，佳宴有三头。盘中荷点双双玉，夹食鲜醇烂猪头，隽味朵颐留。

三头宴是淮扬传统宴席，是从扬州的三道传统名菜，即拆烩鲢鱼头、蟹粉狮子头、扒烧整猪头发展而成的宴席。拆烩鲢鱼头，口味香醇；清炖狮子头，肥嫩不腻；扒烧整猪头，香溢四座，均具有浓郁的乡土风味。三头宴由冷拼、热菜、细点和汤组成，具备一般宴席的特点，由扬州盐商文化与地方民俗文化积淀而形成的家常三头宴又具有鲜明的个性特征。

历史文献和学术研究成果表明，三头宴所用的烹饪原料博采扬州地方原料，以时令原料为主，以鲜嫩为佳。扬州地方原料具有一年四季禽蔬野味联翩上市的特点，与地方特色的土特产相得益彰，这为三头宴提供了非常优越的物质基础。

自隋唐以来，扬州就已成为中国水运交通的重要港口城市。明清时期的扬州，盐商聚集，帝王巡幸，文人荟萃，天下各路高厨集结扬州，扬州的餐饮市场异常繁荣，淮扬菜得到了高速发展与成熟。这为三头宴注入了丰富的文化内涵，形成了具有广泛而深远影响力的彰显扬州市井风情的著名宴席文化品牌。

- 扬州盐水鹅
- 葱油海蜇　盐水河虾
- 水晶鸭掌　江雪小排
- 梁溪素鳝　高邮咸蛋
- 蓑衣黄瓜　三鲜皮松
- 四色鲜调味
- 江瑶萝卜菊
- 芙蓉滑大玉
- 淮扬炒软兜
- 明珠鲍脯盅
- 扒烧整猪头
- 蟹粉狮子头
- 拆烩鲢鱼头
- 鸡火煮干丝
- 银杏扒菜心
- 时令炒鲜蔬
- 扬州蛋炒饭
- 菠菜鱼圆汤
- 千层油糕　水晶蒸饺
- 时令水果拼

（二）淮扬菜风味家宴技术特点

淮扬风味的特点是擅长炖、焖、蒸、炒，用料以水鲜为主，菜品形质兼美；重视调汤，保持原汁；浓而不腻，淡而不薄；酥烂脱骨而不失其形，滑嫩爽脆而不失其味。

淮扬风味以扬州、两淮（淮安、淮阴）、镇江为中心，以大运河为主，南起镇江，北至洪泽湖，东含里下河并及于沿海。这里水网交织，江河湖泊出产丰富。肴馔以清淡见长，味和南北，概称淮扬菜。

淮扬菜素有“饮食华侈，制度精巧，市肆百品，夸视江表”之誉，名菜有将军过桥、醋熘鳜鱼、三套鸭、鸡火煮干丝、清炖蟹粉狮子头等。两淮的鳝鱼菜品种达 108 种，其中软兜长鱼、白煨脐门、大烧马鞍桥等，有活嫩、软嫩、松嫩、酥嫩等特点，突出一个“嫩”字。

（三）经典淮扬菜介绍

1. 将军过桥　将军过桥是将黑鱼肉做成炒鱼片，而鱼皮、骨、肠等则以开水焯过，去腥，再往清水中加姜、葱、绍酒、脂油白烧成汤，有汤有菜；又因鱼汤一碗象征“河”，而鱼骨一根仿佛“桥”，“将军过桥”之名便由此产生。这样一菜一汤，一鱼两吃，既味道鲜美，又经济实惠。成品鱼肉洁白松嫩，鱼汤绵软香滑、浓鲜似乳，味美可口。鱼肉可下酒，鱼汤可佐餐，香鲜味醇，营养丰富。若食时佐以香醋、姜末，则别有风味。

2. 三套鸭

（1）工艺关键：活家鸭选 2000 克左右一只为好，活野鸭选 750 克左右一只为宜，活菜鸽选 250 克左右一只为宜；三套鸭生坯要用小火慢慢焖，约焖 3 小时才能酥烂；三套鸭选料严格，家鸭需用老雄鸭。李渔《闲情偶寄》载：诸禽尚雌，而鸭独尚雄；诸禽贵幼，而鸭独贵长。

（2）风味特点：三套鸭为淮扬传统名菜。《调鼎集》介绍此菜时载：肥家鸭去骨，板鸭亦去骨，填入家鸭肚内，蒸极烂，整供。后来的厨师改两套为三套，增加了野味。烹调方法也由蒸改为炖焖，风味更胜一筹。此菜肉质酥烂，形态完整。上桌时，以大砂锅盛装，食用时，由外向内，家鸭之肥嫩，野鸭之鲜香，菜鸽之鲜嫩，越吃越鲜，越吃越嫩，多作为高档宴席的头菜；野鸭肉紧味香，为食中佳品，鸽肉不仅味美，且能调精益气。三禽同食，鲜中加鲜，美上加美，其味殊绝，营养价值之高，可想而知。

3. 鸡火煮干丝

（1）工艺关键：选用黄豆制作的白色方豆腐干（注意豆腐干内部不能起小孔），将豆腐干片成 0.05 厘米厚的薄片后，再切成火柴梗粗细的细丝，放入沸水浸烫，并用竹筷轻轻拨散，以防粘在一起，沥去水后，再用沸水浸烫 2 次，每次约 2 分钟，捞出后，挤去黄泔水，放入碗中待用（不要为了省事，减少步骤）。此菜讲究刀工，需有娴熟扎实的基本功。

（2）风味特点：鸡火煮干丝同镇江肴肉一样名扬天下，到镇江、扬州去的人都想品尝此菜。说起此菜的来历，它与清代乾隆皇帝下江南相关。清代乾隆皇帝曾六下江南到扬州，那时扬州的地方官员便聘请许多厨师为其制菜，其中有一道菜肴名叫“九丝汤”，是取用干丝和火腿丝等，加鸡汤烩制而成，其味鲜美，特别是干丝切得细，经过鸡汤烩煮后吸进了各种鲜味，口味别致鲜美，深得乾隆喜爱，鸡火煮干丝因此闻名全国。《望江南》词中有“加料干丝堆细缕”，指的就是这种干丝。此菜干丝洁白，缀以各色配料，色彩美观；干丝味鲜绵软，嚼时有韧性。

4. 清炖蟹粉狮子头

（1）工艺关键：此菜选料精严，制肉馅的肉要选用猪肋条肉，而且肥瘦之比也要恰当，以肥七瘦三者为佳，这样做出的狮子头才嫩。在刀工上要细切粗斩，分别将肥肉、瘦肉切成细丝，然后再各切成细丁，继而分别粗斩成石榴米状，再混合起来粗略地斩一斩，使肥、瘦肉丁均匀地黏合在一起。在斩后的肉馅中加入各种调料，在钵中搅拌，直至上劲为止；捆肉圆也有巧妙之处，将一份调拌好的肉馅放在手心，手指并拢，手心呈窝形，让肉馅在两只手上捆来捆去，在捆的过程中自然变圆，变光滑；捆时要用巧劲，方能使肉圆做得又圆又光滑。要重视火功，在烹制肉圆时要区别情况，恰当用火；放入砂锅的沸汤之中烧煮片刻，待汤再次沸腾后，再改用微火焖约两小时。这样，烹制出的“狮子头”肥而不腻，入口即化。

（2）风味特点：清炖蟹粉狮子头是脍炙人口的淮扬名菜之一，相传已有近千年历史。所谓“狮子头”，用扬州话说即大劗肉，如果用北京方言说，即大肉丸子。因为大劗肉烹制成熟后，表面一层的肥肉末已大体溶化或半溶化，而瘦肉末则相对显得凸起，给人以毛毛糙糙之感。于是，富有幽默感的人便称之“狮子头”。《资治通鉴》记载，隋炀帝带着嫔妃、随从乘着龙舟南下时，“所过州县，五百里内皆令献食。多者一州至百舆，极水陆珍奇。”扬州所献的“珍奇”食馔中，已有狮子头。不过当时称为“葵花大劗肉”。在隋炀帝下扬州看琼花时，这道菜已很出名了。清嘉庆年间，林兰痴《邗江三百吟》中记载，“肉以细切粗劗为丸，用荤素油煎成葵黄色，俗云葵花肉丸。”并赞曰，“宾厨缕切已频频，团此葵花放手新。饱腹也应思向日，纷纷肉食尔何人。”此菜肥嫩异常，蟹粉鲜香，青菜酥烂清口，须用调羹舀食，食后清香满口，齿颊留香，令人久久不能忘怀，乃“扬州三头”之一。

三、制订实训计划

根据实训项目内容和要求，讨论并填写综合实训任务计划书（参考鲁菜风味家宴综合实训内容填写）。

中餐宴会餐前卫生清理操作规范

进入工作准备

一、宴会服务准备

（一）了解开餐前餐厅服务准备工作流程

掌握客人信息及要求→摆台餐具、用具准备→宴会摆台和布置→环境卫生与整理→工作台摆放饮料及服务用具→准备菜单→准备迎宾

（二）填写宴会服务准备任务单

参考鲁菜风味家宴综合实训内容填写。

二、厨房工作准备

（一）了解厨房工作流程

开档→完成菜肴加工组配→完成菜肴半成品加工→完成菜肴烹制→成品装盘与整理→收档

（二）填写厨房准备工作页及自查表

参考鲁菜风味家宴综合实训内容填写。

（三）填写菜肴原料准备工作页

参考鲁菜风味家宴综合实训内容填写。

制作与服务

一、填写中餐厨房划单传菜工作页——划单传菜前准备

序号	项目	时间节点	操作内容	齐全规范	欠规范
1	准备用具		（1）根据当日供餐的需要，将划菜时所使用的物品备齐，包括包间号夹、零点餐厅桌号夹子、配菜盘，以及计算器、笔等；各种用具保持干净卫生		

续表

序号	项目	时间节点	操作内容	齐全规范	欠规范
1	准备用具		（2）将各种用具分别放置在规定的位置，摆放整齐。将菜夹分别放置在相应的桌号、包间架里，酒精炉、金属器皿、金属保温盖等分别放于专用架子的固定位置		
2	准备调料		根据当餐需要，准备白灼汁、姜汁、红醋、辣根、蒜蓉辣椒酱等佐餐用的调料小碗。每种不得少于20碗，摆放在有防蝇防尘设施的专用料架上，以备上菜时随时取用		
3	卫生整理		（1）用具、调料碗等准备工作结束后，将废弃物置于垃圾箱内，对划菜台进行全面整理，所有与划菜过程无关的物品均应清走		
			（2）准备工作期间要保持良好的卫生状况，做到每20分钟打扫一次卫生		
4	了解订餐情况并传递相关信息		（1）使用电话或派专人到餐厅订餐台了解当餐的预订情况，及时以书面或口头形式通知砧板厨师		
			（2）订餐详情包括总桌数、高档宴席桌数、中档宴席桌数及普通宴席桌数，各桌开餐时间与特殊需要等内容		
			（3）对每一天的错菜、退菜、菜品投诉等信息进行统计，并汇总成有关表格，报行政总厨或厨房经理		
5	开餐前的检查		（1）检查所需的调料（包括调料盒以外储备的调料）和所需各种用具的种类与数量，发现问题及时予以处理		
			（2）对所辖区域内的卫生状况进行检查，对卫生不符合要求的立即进行整理		
6	岗前站立		（1）所有的准备工作结束，并且经检查确认没有遗漏后，划菜员应在划菜台前垂手自然站立等候开餐，不得无故离开自己的岗位		
			（2）当自己岗位所有的准备工作就绪后，允许协助其他岗位进行准备工作，但必须在规定的时间内回到自己的岗位站立，等候开工，不得从事与本职工作无关的事情		
7	传递点菜单		（1）供餐开始，把餐厅传来的点菜单，标明桌号夹后传递给砧板主管		
			（2）属于零点餐厅的点菜单，标明桌号夹，迅速传递给砧板主管，由主管分发给各砧板厨师		

续表

序号	项目	时间节点	操作内容	齐全规范	欠规范
7	传递点菜单		（3）属于宴席包间的标准套餐或宴席，按菜单上注明的起菜时间传递点菜单。如果点菜单上没有标明具体开餐时间，则应根据餐厅的通知，及时下单起菜		
			（4）名贵大菜应优先传递菜单夹给加工岗位，以便先上桌		
			（5）套菜传单的顺序：名贵大菜、工艺大菜、一般菜		
8	控制上菜节奏		（1）热菜厨房出品的热菜（大菜、位上菜）接到起菜通知后，应在5～8分钟出品第一道菜。其后，原则上应每隔5分钟出品一道菜肴，但每两款菜肴的间隔时间可灵活掌握。如果客人对上菜速度有特别要求，则应依客人的要求掌握上菜节奏		
			（2）冷菜、面点的点菜单，餐厅服务员直接把菜单传递到相应的冷菜、面点加工间，但必须给划菜台一联存根（三联单），便于划菜台控制上菜顺序与节奏		
			（3）冷菜加工间从接到点菜单或接到起菜通知5分钟内，必须上菜到桌，并将上菜信息传至划菜台		
			（4）水台厨师接到蒸制、白灼、刺身类菜肴的起菜通知后，应在2～4分钟完成初加工，并传递到上杂岗位		
			（5）面点加工间接到起菜通知后，应在5～10分钟把面点上齐，并把上菜信息传至划菜台		
			（6）划菜台应将不同包间上菜的起止时间进行记录，即记录第一道菜的上菜时间与最后一道菜的上菜时间		
9	确认菜品		（1）接到打荷厨师传来的成品菜肴，划菜员应首先核实号夹与点菜单上的菜肴，确认菜品名称、传递地点		
			（2）检查菜品的质量是否符合标准，包括菜品内是否有异物，分量，色泽，装饰及器皿的卫生等，一旦发现与菜品质量不符的问题，立即退回打荷主管进行处理，并做好记录		
			（3）应该配调料的菜肴，一并在托盘内备齐，并向传菜员交代清楚		
			（4）所有售价在餐厅价格中档以上的菜肴必须加盖保温防护盖		

续表

序号	项目	时间节点	操作内容	齐全规范	欠规范
10	出菜		（1）菜品确认无误后，对菜品的去向做好记录，交给传菜员及时上菜		
			（2）划菜员应合理掌握各宴席、餐桌的上菜顺序与节奏，或根据餐厅的要求掌握上菜的节奏		
			（3）凡是交给传菜员传出的菜肴，要在菜单底联上做明确的标记，销售价格在中档以上的菜肴应标明出菜时间		
11	撤单		当某餐桌或包间的菜肴、面点等全部上完，则及时将做过记录的点菜单撤出，并集中存放在专门的案夹中，以备查验		

二、划单传菜岗位退菜、换菜、催菜操作程序

序号	工作内容	操作内容
1	退菜处理	（1）接到餐厅传递过来的退菜通知单，经核实为有效签单后，在1分钟内传至砧板厨师，在得到已烹制或正在烹制的信息后，应将信息及时转告餐厅，如未烹制则立即从原单上做撤菜记录 （2）如果是因明显的口味失当或不熟等原因退回厨房处理的菜肴，应核实退菜通知单为有效签单后，在1分钟内交给砧板厨师处理 对退菜的事后处理：根据退菜的原因进行分类统计，并将统计结果分送各部门或班组 ①属于菜点出品质量问题的交给行政总厨或厨房经理 ②属于点菜或传菜差错的交给餐厅经理 ③属于划菜差错的，由划菜主管追究责任人的责任，并按厨房的处罚条款进行相应的处理 ④属于客人方的责任，则交厨房经理，再由厨房经理交财务处
2	换菜处理	（1）接到餐厅传来的换菜通知单，经核实为有效签单后，迅速夹好号夹，传至砧板厨师 （2）对换菜的处理应根据具体情况 ①如果是因为口味失当或烹调不熟等质量原因以及点菜差错、划菜差错退回厨房的菜品，应告诉砧板厨师优先进行配份，并通知站灶厨师优先安排烹调 ②如果是因为客人自己的原因提出更换菜品的要求，则应按正常的上菜顺序配份、烹制，若客人提出催菜要求，则应按催菜方式优先安排烹调
3	催菜处理	（1）对餐厅传来的客人催菜信息，要在1分钟内准确传递给打荷厨师 （2）一般性菜肴采用电话方式通知厨房即可，价格在100元以上的名贵菜肴与特殊菜肴，则要派专人到加工厨师处催菜 （3）划菜要坚持催菜优先的原则

师傅点拨

划菜要求

（1）划菜作业流程中的每一个环节，划菜厨师必须非常清楚、熟练。

（2）划菜流程中的每一个环节必须与整体餐饮服务质量要求保持一致，及时、准确地将厨师烹制的菜肴传到餐厅。

（3）划菜作业中的所有环节与划菜人员都要随时无条件地接受厨房部管理人员、质检部质检人员等的检查。

（4）划菜厨师必须熟悉《中华人民共和国食品安全法》的内容，保证划菜程序中的卫生质量。

三、填写菜肴制作工作页

每道菜肴填写1份（参考鲁菜风味家宴综合实训内容填写）。

师傅点拨

技法园地——炖

讲究火候控时间，老少皆宜营养全。
炖之技法很讲究，盛装器皿食文化。
原汤原味酥烂香，成菜关键是火候。
隔水炖法菜型整，过水再炖味醇正。
不隔水炖技法多，清炖混炖和侉炖。
清炖过水去血沫，汤清醇厚酥烂了。
侉炖菜肴挂糊炸，汤汁米黄味道佳。
啤酒炖法稍带辣，酒香浓郁味不差。

四、家宴餐中服务

（一）了解家宴服务流程

站立迎宾→接挂衣帽→拉椅让座→询问茶水→打开口布→撤筷套→斟倒茶水→通知起菜→酒水服务→上菜服务→检查并送客

怎样用味精

怎样用葱

怎样用酒

怎样用姜

调味加减法

Note

（二）填写餐中服务工作页

参考鲁菜风味家宴综合实训内容填写。

五、收档及整理

完成餐厅整理工作任务→完成厨房收档工作任务→填写收档工作页及自查表（参考鲁菜风味家宴综合实训内容填写）

厨房卫生安全HACCP管理细则——运送热食

拓展练习

组织实训评价

一、宾客满意度评价

参考鲁菜风味家宴综合实训内容进行。

二、综合实训评价

参考鲁菜风味家宴综合实训内容进行。

项目四　粤菜风味家宴综合实训

本项目课件

菜单分类

视频：紫菜墨鱼卷

视频：白切鸡

视频：梅菜扣肉

视频：蚝油扒鱼腐

视频：咸鱼鸡粒豆腐煲

综合实训目标

1. 了解粤菜饮食文化、宴席特色及技术特点。

2. 运用粤菜宴席菜肴组配知识进行粤菜宴席菜肴组配。

3. 运用餐前、餐中、餐后服务知识，熟练完成粤菜家宴中餐摆台及待客服务。

4. 能够在规定时间内，后厨与前厅服务岗位配合，熟练运用卷、泡、滑炒、红烧、煮、烩等烹饪技法，按照粤菜风味宴席制作流程完成小型家宴冷菜、热菜、面点的制作任务和传菜服务。

5. 在实践中感悟粤菜风味烹饪文化，在菜点制作和服务实践中体验团队合作、精益求精精神及真实的工作过程，积累宴席制作与服务工作经验。

明确实训任务

北京某饭店承接了一单8人宴席，客人以港澳客人为主，还有1位新加坡客人。经前台推荐，客人选定了“二冷六热一主食”的菜单，并预订周日中午用餐。请餐饮服务团队在规定时间内完成准备、制作等服务，为客人献上一桌风味浓郁的粤菜家宴。具体菜单如下。

冷菜	紫菜墨鱼卷　白切鸡
热菜	梅菜扣肉　蚝油扒鱼腐　避风塘炒蟹　咸鱼鸡粒豆腐煲　腊味时蔬
汤	冬瓜薏米煲猪骨
面点	星洲炒米粉

制订工作方案

一、分析任务

填写任务分析单

参考鲁菜风味家宴综合实训内容填写。

Note

视频：
腊味时蔬

视频：冬瓜薏
米煲猪骨

视频：
星洲炒米粉

二、知识技能准备

（一）粤菜宴席上菜顺序

粤菜宴席与其他菜系宴席的上菜顺序略有差异，一般为凉菜→汤→头菜→热炒菜→整鱼→蔬菜→面点→水果。因此，菜单中菜点排列必须与上菜顺序保持一致。

（二）盆菜宴

盆菜，原是广东、香港地区迎接传统农历新年的一道年菜，跟浙江沿海地区吃黄鱼，江苏地区吃什锦砂锅，北方地区吃饺子一样。在广东，家家户户都会做盆菜。所谓盆菜，就是把各种好的食材放在一起，然后煲成一锅，大家围成一桌，一起吃，寓意团团圆圆、红红火火。盆菜里每一种食材都是提前做好的，手法比较复杂，按着一定的顺序，整整齐齐码到锅里，然后上桌的时候再淋上熬得很稠的鲍汁，一起烧热，吃起来更香。

盆菜的用料并没有特别规定，但一般都会有萝卜、腐竹、鱿鱼、猪皮、冬菇、鸡、鲮鱼球和炆猪肉，有的盆菜里还有花胶、大虾、发菜、蚝豉等。炆猪肉是整个盆菜的精华所在，也是制作最花工夫的。

盆菜的食物会按一定的顺序一层叠一层地由下至上排好。上层会放些较名贵和需要先吃的食材，例如鸡及大虾；最下层则放些容易吸收汁液的食材，例如猪皮和萝卜。吃盆菜的时候，由上至下逐层逐层吃下去。

虽然传统上以木盆盛装盆菜，但现在大部分已经改用金属盆、陶瓷盆或者砂锅，方便食用之前加热消毒。

（三）粤菜技术特点

岭南风味，包括两广、海南等地方风味，而以广东菜为代表。广东菜，简称粤菜，是我国四大菜系之一，有“食在广州”的美誉。

粤菜烹调方法有 21 种之多，尤以蒸、炒、煎、焗、焖、炸、煲、炖、扣等见长，讲究火候，尤重“镬气”和现炒现吃，做出的菜肴注重色、香、味、形。取料广泛，用量精而细，配料多而巧，装饰美而艳，而且善于在模仿中创新；品种繁多，注重质和味；口味比较清淡，力求清中求鲜、淡中求美，而且随季节时令的变化而变化，夏秋偏重清淡，冬春偏重浓郁；食味讲究清、鲜、嫩、爽、滑、香，调味遍及酸、甜、苦、辣、咸。代表菜肴有龙虎斗、白灼虾、烤乳猪、香芋扣肉、黄埔炒蛋、炖禾虫等。

（四）经典粤菜介绍

粤菜的命名方法

粤菜名称解释

1. 烤乳猪 烤乳猪是广州著名的特色菜，早在西周时代已被列为“八珍”之一，当时称为炮豚。《齐民要术》中亦有烤乳猪的制作方法，“色同琥珀，又类真金，入口则消，壮若凌雪，含浆膏润，特异非常也”。清代烤乳猪被列为满汉全席主菜之一，它和烤鸭一起，称为双烤，上席时用红绸覆盖，厨师当众揭开片皮，十分隆重。随着满汉全席的盛行，烤乳猪传遍大江南北，久盛不衰。但达到酒家餐馆必备，似乎只有广东了。烤乳猪色泽大红、明亮，皮脆酥香，肉嫩鲜美，风味各异。

2. 蜜汁叉烧 “叉烧”是由“插烧”发展而来的。插烧是将猪里脊肉加插在烤乳猪腹内，经烧烤而成。一只烤乳猪最鲜美处是里脊肉，但一只猪只有两条里脊，难以满足顾客需要。于是人们便想出插烧之法。可是这也只能插几条，更多一点就不成了。后来，又改为将数条里脊肉串起来叉着来烧烤，久而久之，插烧之名便被叉烧替代。后来便将里脊肉改为半肥瘦肉，并在表面涂抹饴糖，使其在烧烤过程中有饴糖和分解出来的油脂来缓解火势，而不致干枯，且有甜蜜的芳香味。

3. 东江瓤豆腐 中原风俗，过年尚食饺子。客籍汉人初到东江时，仍保留这一风俗习惯，但当时岭南不产小麦，过年吃饺子的愿望就可望而不可即。后来，人们就把饺子的馅料填进豆腐，这种食法虽不如吃饺子那样有情趣，但总可以得到一点慰藉。这种做法很快就传遍客家地区，又经历代名师高厨改进而成现在的瓤豆腐。此菜原锅上桌，香浓软滑，有左口鱼的特色鲜味，为东江地区冬令菜。

4. 鼎湖上素 鼎湖上素是广州菜根香素食馆的拿手名菜，始于清末，原是鼎湖山庆云寺的素斋菜。传说该寺一位老和尚，为了满足一些上山游览贵客的需要，特取用“三菇”（北菇、鲜菇、蘑菇）、“六耳”（雪耳、黄耳、石耳、木耳、榆耳、桂耳）及发菜、竹荪、鲜笋、银针、榄仁、白果、莲子、生筋等珍贵原料，用芝麻油、绍酒、酱料等调味，逐样煨熟，再排列成十二层，成山包型上碟。其层次分明，鲜嫩爽滑，富有营养，色香味俱佳，列入素斋中最高上素。20 世纪 30 年代时，广州六榕寺的榕荫园曾经营过此菜。开设在六榕寺附近的酒家老板，曾往鼎湖山庆云寺寻找善烹素菜的老和尚，并派人拜他为师，便把鼎湖上素变为菜馆名菜。经老板大肆宣传，一时吸引了不少食客，名声大噪。后来，广州菜根香素食馆的鼎湖上素，因用料与制法更加考究，名扬天下。各地同行都前往切磋技艺，各处佛教人士经过广东必到此店，宾客也慕名前往品尝。

5. 白切鸡　白切鸡又称白斩鸡，清人袁枚《随园食单》称之为白片鸡，“鸡功最巨，诸菜赖之，故令羽族之首，而以他禽附之，作羽族单。”食单上列有鸡的菜式数十种，用蒸、炮、煨、卤等技法烹饪，列在首位就是白切鸡，有“太羹元酒之味”。如今，粤菜厨坛中，鸡的菜式有200余种之多，而最为人常食不厌的仍是白切鸡，原汁原味，皮爽肉滑，大筵小席皆宜，深受顾客青睐。

三、制订实训计划

根据实训项目内容和要求，讨论并填写综合实训任务计划书（参考鲁菜风味家宴综合实训内容填写）。

进入工作准备

一、宴会服务准备

（一）了解开餐前餐厅服务准备工作流程

掌握客人信息及要求→餐具、用具准备→宴会摆台和布置→环境卫生与整理→工作台摆放饮料及服务用具→准备菜单→准备迎宾

（二）填写宴会服务准备任务单

参考鲁菜风味家宴综合实训内容填写。

中餐零点服务

二、厨房工作准备

（一）了解厨房工作流程

信息沟通→餐前检查→接单确认→菜肴烹调→装盘检查→划单传菜

（二）填写厨房准备工作页及自查表

参考鲁菜风味家宴综合实训内容填写。

（三）填写菜肴原料准备工作页

参考鲁菜风味家宴综合实训内容填写。

制作与服务

一、了解餐台服务与厨房工作衔接程序

开档→完成菜肴加工组配→完成菜肴半成品加工→完成菜肴烹制→成品装盘与整理→收档

二、填写中餐厨房划单传菜工作页——划单传菜前准备

参考淮扬菜风味家宴综合实训内容填写。

三、填写菜肴制作工作页

每道菜肴填写 1 份（参考鲁菜风味家宴综合实训内容填写）。

师傅点拨

技法园地——焖

焖之技法种类繁，加热方法调味分。
原油煎炸生熟焖，红黄酱焖原油焖。
焖菜选料广而精，新鲜软嫩鲜味足。
初步处理去异味，丝条片块可原型。
调味程序不错位，煨制过程不加汤。
中小火力加盖焖，松软醇厚味道香。

四、家宴餐中服务

（一）了解家宴服务流程

站立迎宾→接挂衣帽→拉椅让座→询问茶水→打开口布→撤筷套→斟倒茶水→通知起菜→酒水服务→上菜服务→检查并送客

（二）填写餐中服务工作页

参考鲁菜风味家宴综合实训内容填写。

五、收档及整理

完成餐厅整理工作任务→完成厨房收档工作任务→填写收档工作页及自查表（参考鲁菜风味家宴综合实训内容填写）

组织实训评价

一、宾客满意度评价

参考鲁菜风味家宴综合实训内容进行。

二、综合实训评价

参考鲁菜风味家宴综合实训内容进行。

拓展练习

模块二

中餐节气宴席综合实训

一、模块学习内容

本模块是以立春、立夏、立秋、立冬四个节气风味菜肴生产任务为载体，通过中餐厨房、餐厅服务综合实训，多岗位沟通协作，以真实工作标准和流程为参照，选取不同主题和风格的宴会服务而组成的综合实训。通过完整的工作任务，运用已经掌握的相关工作岗位的理论知识、专业技能及已积累的工作经验，协调配合完成菜单中菜肴的设计、命名、加工、组配、烹制、传菜、餐厅服务等工作任务；学习立春、立夏、立秋、立冬四个节气宴席类型，二十四节气文化，名厨名菜，大董意境菜先进烹饪理念，烹饪美学，宴席菜肴组配，菜肴制作相关烹饪技法及宴会服务流程、宴会服务规范与服务礼仪，提升学生综合职业能力。通过计划书、工作页、工作评价表格的设计与运用，引导学生用发展的眼光看待周围的一切，学会系统思考，统筹兼顾，对学生已经完成的工作进行及时检验和反馈。本模块知识链接丰富，趣味性强，渗透烹饪文化，有效融入课程思政。

二、模块组成

项目五　立春宴席综合实训

项目六　立夏宴席综合实训

项目七　立秋宴席综合实训

项目八　立冬宴席综合实训

三、模块学习要求

1. 了解中餐立春、立夏、立秋、立冬节气及其他节气的饮食文化和养生知识。

2. 能够对立春、立夏、立秋、立冬宴席菜肴的主要原料进行营养分析。

3. 能够运用立春、立夏、立秋、立冬节气养生知识进行饮食搭配和宴席菜肴组配。

4. 能够在规定时间内，熟练运用冷菜、热菜、面点等烹饪技法，按照宴席制作流程完成立春、立夏、立秋、立冬宴席冷菜、热菜、面点的制作任务；运用美食与餐具的搭配规律，进行立春、立夏、立秋、立冬宴席菜肴的装盘点缀。

5. 熟练进行后厨与前厅服务岗位配合，完成立春、立夏、立秋、立冬宴席中餐摆台及服务。

6. 在实践中初步感悟中国节气饮食文化和养生习俗，在菜肴制作和服务实践中体验团队合作、精益求精的精神及真实的工作过程。

项目五　立春宴席综合实训

综合实训目标

1. 了解立春节气宴席菜肴组配知识和相关饮食文化。

2. 能够对立春节气宴席菜肴的主要原料进行营养分析。

3. 能够运用立春饮食搭配和节气养生知识进行宴席菜肴组配。

4. 能够在规定时间内，熟练运用冻、拌、清炖、炸、蒸、烩、煮等烹饪技法，按照宴席制作流程，完成立春节气宴席冷菜、热菜、面点的制作任务；运用美食与餐具的搭配规律，进行立春宴席菜肴的装盘点缀。

5. 熟练进行后厨与前厅服务岗位配合，完成立春宴席中餐摆台及服务。

6. 在实践中初步感悟中国节气饮食文化和养生习俗，在菜肴制作和服务实践中体验团队合作、精益求精的精神及真实的工作过程。

明确实训任务

北京某饭店承接了一单宴席，客人常年工作生活在北京，共 5 人，想尝尝该店的节气菜。前台为客人推荐了一套小型立春宴席菜单，请餐饮服务团队在规定时间内完成准备、制作等服务，为客人献上一桌具有春天气息的小型立春宴席。具体菜单如下。

冷菜	水晶鸭脯　香椿豆腐
热菜	清炖草鱼狮子头　桃花泛　百花酿春笋
汤	鸡脯豌豆羹
面点	北京水饺（鸡蛋韭菜馅）　芝麻酥饼

本项目教学课件

视频：清炖草鱼狮子头

视频：桃花泛

视频：百花酿春笋

视频：北京水饺（鸡蛋韭菜馅）

制订工作方案

一、分析任务

填写任务分析单。

宴席类型	就餐人数	客源地区	客人需求	就餐场所	清真	回头客
小型家宴	5人	北京常住人口	立春菜肴	小包间	☑是 □否	□是 ☑否
客人年龄段	□老年 ☑成年 □未成年					
菜肴名称	技法、口味、口感要求					菜肴成本
水晶鸭脯	运用卤、冻技法；口味要求咸鲜；口感滑嫩					
香椿豆腐	运用煮、拌、紧压造型技法；口味要求咸鲜；口感鲜香脆嫩					
清炖草鱼狮子头	运用清炖技法；口味要求咸鲜；口感软嫩					
桃花泛	运用炸、熘技法；口味要求咸鲜酸甜；口感鲜嫩、酥脆					
百花酿春笋	运用瓤、蒸技法；口味要求咸鲜，软嫩入味					
鸡脯豌豆羹	运用烩技法；口味要求咸鲜；口感滑嫩					
北京水饺（鸡蛋韭菜馅）	运用煮技法；口味要求咸鲜；饺子口感爽滑筋道，韭菜脆嫩					
芝麻酥饼	运用烤技法；口味要求咸香；口感外酥内软					
新技能需求						总计

二、知识技能准备

（一）二十四节气来历

宴席食品安全控制

烹饪色彩学——色彩搭配技巧

二十四节气，始于立春，终于大寒，是上古先民顺应农时，通过观察天体运行，认知一年中时令、气候、物候变化规律所形成的知识体系。二十四节气表达了人与自然宇宙之间独特的时间观念，蕴含着中华民族悠久的文化内涵和历史积淀，不仅在农业生产中起着指导作用，还影响着中国人的衣食住行及文化理念，形成了中华民族独有的节令文化和饮食养生习俗。

二十四节气作为中国传统的天文与人文合一的历法现象，延续至今数千年，是中华民族珍贵的文化与科学遗产。2016年11月30日，

二十四节气被列入联合国教科文组织人类非物质文化遗产代表作名录。

二十四节气歌

春雨惊春清谷天，夏满芒夏暑相连；
秋处露秋寒霜降，冬雪雪冬小大寒。
每月两节不变更，最多相差一两天；
上半年来六廿一，下半年是八廿三。

冥冥甲子雨，已度立春时。
——唐·杜甫《雨》
春日春盘细生菜，忽忆两京梅发时。
盘出高门行白玉，菜传纤手送青丝。
——唐·杜甫《立春》

立春是二十四节气之首，此时气温开始回升，大地回春，表示一年农业活动的开始。立春又称打春，就是冬至数九后“六九”的开始，所以有“春打六九头”之说。“立”有开始之意，立春即春季伊始。

立春期间是由冬寒向春暖过渡的时节，正处于阴退阳长、寒去热来的转折期。此时阳气渐生，而阴寒未尽。

1. 立春食俗　立春主要食俗为咬春。清代潘荣陛《帝京岁时纪胜》记载：“新春日献辛盘。虽士庶之家，亦必割鸡豚，炊面饼，而杂以生菜、青韭芽、羊角葱，冲和合菜皮，兼生食水红萝卜，名曰咬春。”《本草纲目》记载：“五辛菜，乃元旦、立春，以葱、蒜、韭、蓼蒿、芥辛嫩之菜，杂和食之，取迎新之义。”宋代陈元靓《岁时广记》记载，京师富贵人家造面茧，以肉或素菜作馅，因在立春之日为之，故称之为“探春茧”。其形状像茧苗一样，即今天的春卷。宋朝，春卷有米薄皮春茧、子母春茧等品种，春卷是由春饼演变而来的，清代宫廷满汉全席中，春卷是9道主要点心之一。

2. 立春饮食养生　一年之计在于春，立春从“秋冬养阴”过渡到“春夏养阳”，顺应天时，应养心调神，养肝，饮食宜“少酸多甘”。春季的养生要注意对肝脏的保养，不要过分劳累，以免加重肝脏的负担。饮食上可选择动物肝脏、绿色蔬菜等与菊花、枸杞等组成食疗方，能平肝阳，与红枣、桂圆等配伍，可补养肝血。春季饮食应以养阳为主，唐代著名医药学

家孙思邈在《备急千金要方》中曾指出，春天饮食应“省酸增甘，以养脾气”。就是说，春季应少吃酸味，多吃甘淡、性温、微辛食物，以养肝健脾和胃，抗御外邪对人体侵袭。增加黄绿色蔬菜与时令水果的摄入量，补充维生素和矿物质，如谷豆类的黑米、豆豉、大豆及其制品，禽鱼类的鸽子、鹌鹑、鲫鱼、泥鳅，蔬菜类的芥菜、菠菜、油菜、胡萝卜、春笋；果品类的栗子、红枣、枸杞、菠萝、甘蔗、橄榄等。立春后，忌大辛大热及海腥类的食物，不吃过腻过酸及煎炸食品，如辣椒、羊肉、海虾、肥肉、乌梅等，以免“火上浇油”。各地的春季时令原料，如北京的香椿、韭菜，上海的荠菜，苏州的秃黄油和青鱼秃肺，安徽黄山的竹笋，江南的蚕豆，潮汕的橄榄菜，济南的蒲菜等。

（二）立春节气宴

节气宴就是利用中国幅员辽阔、地貌复杂、物产多样的条件，融汇东南西北各地季节性优良食材、名优菜式进入菜单，组成具有明显季节气候标志的宴席。节气菜“应时节之韵，顺时而食，应季而补”，在食材最好的食用季节享用。

1. 大董二十四节气宴之“春歌”主题宴席介绍 大董意境菜采四季时令之鲜，将色、香、味、形、滋、养、意有机地融合成美食艺术，呈现上将中国画的写意和西方美术的色彩巧妙搭配，再装盘布局，最终形成了集视觉、嗅觉、味觉于一体的烹饪艺术。

主题宴席“春歌”菜单中的冷菜“花开咯吱”，以老北京的一道平民小吃炸咯吱诠释春意，配以姹紫嫣红的水果，入口“咯吱”一声，灿烂成口中的春天。

主菜香糟膏脂鲥鱼是两千多年以来的席上珍馐，也是满汉全席的主要肴馔，鱼中西施的鲥鱼由大董变幻出微醺的春意。鲥鱼细嫩，入口即化，带有酒糟及甘甜的口感，与另一款佳酿鼎盛的馥郁芬芳和多重香辛调味交相辉映。

宴席渐入佳境，桃花泛、刀板香、油菜花、紫菜薹组成强大的主菜阵容，不仅带来由樟木香、肉香、笋香混合的徽州民谣，还用转瞬即逝的当季菜在胃里播种田野的清爽。

这一曲“春歌”的尾声由四道各具风味的老北京小点组成，即玫瑰饼、青团子、糊饼、桑葚，将充满诗情春意的老北京吃食用不同于以往的方式呈现给顾客。

妙不可言恰是大董意境菜享誉世界的魅力所在。大董意境菜抒情地呈现出情景交融、虚实相生的生活之美和韵味悠远的诗意。

2. 大董“雨水宴”菜单 具体菜单如下。

雨水宴
风味人间 · 大董味道
Banquet in Rainy Spring

春雨惊春清谷天　夏满芒夏暑相连
秋处露秋寒霜降　冬雪雪冬小大寒

四干果 · 内蒙古五原县南瓜籽 · 巴彦淖尔瓜子仁 · 开心果 · 桃仁
四鲜果 · 阳光玫瑰葡萄 · 小金橘 · 圣女果 · 红心柚子
四蜜饯 · 黄桃干 · 四川达县乌梅 · 葡萄干 · 山东沂蒙樱桃
四小点 · 玫瑰糕 · 栗子糕 · 红豆糕 · 抹茶糕

前调 · 前菜

青芥芥蓝

卤水小鹅掌　　念去去　千里烟波　暮霭沉沉楚天阔
Brine Marinated Goose Webs

干式熟成和牛火腿配蜜瓜

糖醋九肚鱼　　红绿修岸客　冰雪净空界
Sweet and Sour Bombay Duck

波士顿奶油生菜配西班牙火腿　　绿云翻翠浪　水急转前溪
Boston Lettuce Salad with Spanish Ham

凤尾白菜

手剥笋

悠韵 · 汤

黑海盐奶油豆蓉汤　　春归翠陌　平莎茸嫩　垂杨金浅
Cream of Spring Peas with Black Sea Salt

青华 · 招牌主菜

李鸿章臭鳜鱼汁
蓝纹芝士焗长海2头鲜鲍　　爱惜芳时　莫待无花空折枝
Braised Changhai Abalone with Li Hongzhang Smelly Mandarin Fish Sauce and Blue Cheese

浅唱 · 小品
金橘波沙米克石榴醋爆珠　　玉颗珊珊下月轮　殿前拾得露华新
Petite Platter · Kumquat with Molecular Balsamic Pomegranate Vinegar Jelly Beads

行吟 · 主菜

番茄酸奶油汁烧西施乳

水煮大黄鱼配干式熟成牛肉　　花落未须悲　红蕊明年又满枝
Poached Giant Yellow Croaker in Chili Oil with Dry-braised Beef Steak

豉东虾酱煎带子

红花汁油菜花

幽香 · 主食

煎春段

刀鱼馄饨

终曲 · 甜品

春巢

一串串糖葫芦
Beijing's Traditional Candied Fruits on Skewers

刀鱼馄饨

黑海盐奶油豆蓉汤

番茄酸奶油汁烧西施乳

凤尾白菜

煎春段

金橘波沙米克石榴醋爆珠

李鸿章臭鳜鱼汁蓝纹芝士焗长海2头鲜鲍

青芥苤蓝

水煮大黄鱼配干式熟成牛肉

糖醋九肚鱼

胶东虾酱煎带子

一串串糖葫芦

红花汁油菜花

手剥笋

卤水小鹅掌

波士顿奶油生菜配西班牙火腿

三、制订实训计划

根据实训项目内容和要求，讨论并填写综合实训任务计划书。

<table>
<tr><td>实训项目</td><td colspan="3">立春宴席综合实训</td><td>宴会开餐时间</td><td></td></tr>
<tr><td>实训班级</td><td colspan="3"></td><td>指导教师</td><td></td></tr>
<tr><td>实训任务</td><td colspan="5"></td></tr>
<tr><td>实训地点</td><td colspan="5">□冷菜厨房　□热菜厨房　□面点厨房　□宴会餐厅</td></tr>
<tr><td>实训岗位</td><td colspan="5">水台、砧板、打荷、上杂、炒锅、冷菜、面点、划单传菜、餐厅服务</td></tr>
<tr><td rowspan="7">任务分工</td><td>人员分工</td><td>姓名</td><td>人数</td><td colspan="2">主要任务</td></tr>
<tr><td>总负责人</td><td></td><td></td><td colspan="2"></td></tr>
<tr><td>冷菜组</td><td></td><td></td><td colspan="2"></td></tr>
<tr><td>热菜一组</td><td></td><td></td><td colspan="2"></td></tr>
<tr><td>热菜二组</td><td></td><td></td><td colspan="2"></td></tr>
<tr><td>面点组</td><td></td><td></td><td colspan="2"></td></tr>
<tr><td>服务组</td><td></td><td></td><td colspan="2"></td></tr>
<tr><td rowspan="7">实训步骤及内容</td><td>实训步骤</td><td colspan="3">工作内容</td><td>学时分配</td></tr>
<tr><td>第一步</td><td colspan="3">布置任务：</td><td></td></tr>
<tr><td>第二步</td><td colspan="3">制订计划：</td><td></td></tr>
<tr><td>第三步</td><td colspan="3">工作准备：</td><td></td></tr>
<tr><td>第四步</td><td colspan="3">任务实施：</td><td></td></tr>
<tr><td>第五步</td><td colspan="3">实训评价：</td><td></td></tr>
<tr><td>第六步</td><td colspan="3">总结反思：</td><td></td></tr>
<tr><td>批准实施</td><td colspan="5">总厨建议：
经审核，实训计划可行，同意按本计划实施。
签字：</td></tr>
</table>

Note

进入工作准备

一、宴会服务准备

（一）了解开餐前餐厅服务准备工作流程

掌握客人信息及要求→餐具、用具准备→宴会摆台和布置→环境卫生与整理→工作台摆放饮料及服务用具→准备菜单→准备迎宾

（二）填写宴会服务准备任务单

实训项目	立春宴席综合实训	工作评价	
工作任务	宴会服务准备细则		
	提示：		
	准备工作流程	检查及评价	
		完整准确	不完整
	1. 了解客人需求		
	2. 个人卫生及形象应符合的标准		
	3. 体现春季韵味的宴会需要准备的餐具		
	4. 环境布置与摆台，做到合理、整洁、温馨（要求体现春季韵味）		
	5. 熟悉菜单和菜肴特色		
反思	遇到的问题及解决办法：		

二、厨房工作准备

（一）了解厨房工作流程

开档→完成菜肴加工组配→完成菜肴半成品加工→完成菜肴烹制→成品装盘与整理→收档

（二）填写厨房准备工作页及自查表

实训项目	立春宴席综合实训	自检及评价	
工作过程	冷菜厨房设备用具准备（实训人填写）	规范	欠规范
	检查设备：		
	备齐用具：		
	热菜厨房设备用具准备（实训人填写）	规范	欠规范
	检查炉灶设备：		
	检查炉灶用具：		
	炉灶试火、试水安全通畅：		
	调料用具：		
	面点厨房设备用具准备（实训人填写）	规范	欠规范
	检查设备：		
	备齐用具：		
	安全卫生（实训人填写）	规范	欠规范
	重视安全与卫生：		
	规范垃圾分类与处理：		
反思	所有规范要求是否做到，如有遗漏，请分析原因：		

检查人：　　　　时间：

师傅点拨

用餐具表现季节感，享受搭配的乐趣

除了利用色彩和质感等表现手法外，还可用餐具上的彩绘或者装饰，不同季节的植物和食材等去呈现季节感。餐具的特点是从盛放食物的托盘，到筷子套，一律对应春、夏、秋、冬四季变化，让用餐的客人在享受时令美食的同时，还能欣赏随时令变换的季节风格餐具。以龙井虾仁的盛器为例，春季采用洁白如玉的白瓷，夏季采用清爽的玻璃盘，秋、冬季则改用色调沉稳凝重的盘子。另外，托盘、筷子和小碟也根据龙井虾仁盛器的色调和盘型调整。

（三）填写菜肴原料准备工作页

实训项目	立春宴席综合实训			工作评价	
工作过程	菜肴名称	冷菜原料准备		齐全规范	欠规范
	冷菜 1	主料			
		配料			
		调料			
		过程			
	冷菜 2	主料			
		配料			
		调料			
		过程			
	菜肴名称	热菜原料准备		齐全规范	欠规范
	热菜 1	主料			
		配料			
		调料			
		过程			
	热菜 2	主料			
		配料			
		调料			
		过程			
	热菜 3	主料			
		配料			
		调料			
		过程			
	热菜 4	主料			
		配料			
		调料			
		过程			

续表

实训项目	立春宴席综合实训		工作评价	
工作过程	菜肴名称	面点原料准备	齐全规范	欠规范
	面点 1	主料		
		配料		
		调料		
		过程		
	面点 2	主料		
		配料		
		调料		
		过程		
反思				

检查人：　　　　时间：

制作与服务

一、了解厨房制作与餐台服务工作衔接程序

信息沟通→餐前检查→接单确认→菜肴烹调→装盘检查→划单传菜

（一）填写中餐厨房划单传菜工作页——跟单指挥与划单传菜

序号	项目	时间节点	操 作 内 容	检查及评价	
				齐全规范	欠规范
1	准备用具		（1）		
			（2）		
			（3）		

续表

序号	项目	时间节点	操作内容	检查及评价	
				齐全规范	欠规范
2	准备调料		（1）		
			（2）		
			（3）		
3	卫生整理		（1）		
			（2）		
4	了解订餐情况并传递相关信息		（1）		
			（2）		
			（3）		
			（4）		
5	开餐前的检查		（1）		
			（2）		
			（3）		
6	岗前站立		（1）		
			（2）		
7	传递点菜单		（1）		
			（2）		
			（3）		
			（4）		
			（5）		
8	控制上菜节奏		（1）		
			（2）		
			（3）		
			（4）		
			（5）		
			（6）		
9	确认菜品		（1）		
			（2）		
			（3）		
			（4）		

续表

序号	项目	时间节点	操作内容	检查及评价	
				齐全规范	欠规范
10	出菜		（1）		
			（2）		
			（3）		
11	撤单		（1）		
			（2）		

（二）划单传菜岗位的退菜、换菜、催菜操作程序

序号	工作内容	操作内容
1	退菜处理	（1）
		（2）
2	换菜处理	（1）
		（2）
3	催菜处理	（1）
		（2）
		（3）

二、填写菜肴制作工作页

每道菜肴填写 1 份。

菜肴名称			宴会开餐时间		
本人任务	工作岗位：菜肴烹制				
实训地点	□冷菜厨房 □热菜厨房 □面点厨房 □宴会餐厅			自检评价	
				齐全规范	欠规范
操作步骤	1	水台：			
	2	砧板：			
	3	组配：			

续表

菜肴名称			宴会开餐时间	
操作步骤	4	烹制菜肴（或面点）： （1）		
		（2）		
		（3）		
	5	监督打荷：		
	6	提醒打荷传菜：		
完成情况				
反思改进	1. 列出工艺关键： 2. 找出不足，提出改进措施（如原料、餐具选择、菜肴口味、盘饰、宴会主题体现是否恰当等）：			

师傅点拨

技法园地——炸

料预制，码味足，上浆挂糊度分明；入油炸，沿锅边，轻下原料防油溅；
控火候，测油温，炸制时间掌握准；轻翻动，勿炸过，外酥里嫩金黄色；
炸制菜，配蘸料，口味搭配滋味妙。

三、宴席餐中服务

（一）了解宴席服务流程

站立迎宾→接挂衣帽→拉椅让座→询问茶水→打开口布→撤筷套→斟倒茶水→通知起菜→酒水服务→上菜服务→检查并送客

（二）填写宴席餐中服务工作页

<table>
<tr><td>实训项目</td><td colspan="2">立春宴席综合实训</td><td>宴会开餐时间</td><td></td></tr>
<tr><td>本人任务</td><td colspan="4">□迎接客人 □ 照顾入席（座） □茶水服务 □餐巾（含小毛巾）服务
□上菜服务（含分菜） □介绍宴席主题和菜肴特色 □征求意见，礼宾送客</td></tr>
<tr><td>宴会服务重要提示</td><td colspan="4">（1）客人在用餐时，餐具或用具不慎掉在地上时，服务员应迅速将干净的餐具或用具补给客人，然后将掉在地上的餐具、用具拾走
（2）客人用餐时，不慎将酒杯碰翻，酒水流淌时，服务员应安慰客人，及时用干餐巾将台布上的酒水吸去，然后用干净的餐巾铺垫在湿处，同时换上新酒杯斟好酒水
（3）客人若将菜汤洒在身上，要迅速帮客人将洒落物清除掉，用湿毛巾擦干净，并请客人继续用餐
（4）在宴会服务过程中，服务员要分工协作，讲求默契，服务出现漏洞要互相弥补
（5）宴会结束后，宴会负责人要对任务的完成情况进行小结，以不断提高服务质量和水平</td></tr>
<tr><td rowspan="2">实训地点</td><td colspan="2" rowspan="2">宴会餐厅</td><td colspan="2">自检评价</td></tr>
<tr><td>齐全规范</td><td>欠规范</td></tr>
<tr><td rowspan="7">服务步骤（填写任务、规范、标准）</td><td>1</td><td>迎接客人</td><td></td><td></td></tr>
<tr><td>2</td><td>照顾入席（座）</td><td></td><td></td></tr>
<tr><td>3</td><td>茶水服务</td><td></td><td></td></tr>
<tr><td>4</td><td>餐巾（含小毛巾）服务</td><td></td><td></td></tr>
<tr><td>5</td><td>上菜服务（含分菜）</td><td></td><td></td></tr>
<tr><td>6</td><td>介绍宴席主题和菜肴特色（主题宴会的灵魂）
宴席主题介绍需要配以生动的文字描述、舒缓美妙的音乐。赏心悦目的台面＋滋味独特的美食＋悦耳动听的解说，赋予整个宴席生气，将客人的思路带到意境中、产生共鸣</td><td></td><td></td></tr>
<tr><td>7</td><td>征求意见，礼宾送客</td><td></td><td></td></tr>
<tr><td>完成情况</td><td colspan="4">自查情况、监督员质量监督情况：</td></tr>
<tr><td>反思改进</td><td colspan="4">服务难点、服务技巧、不足改进：</td></tr>
</table>

Note

（三）宴席主题解说词示例

尊敬的各位来宾：

中午好！我是××号服务员××，我今天代表××饭店为大家服务，下面请允许我为大家介绍一下今天宴会的主题——传承三绝。传承三绝指的是我们自贡的小三绝，龚扇、扎染和剪纸。

传承三绝宴会台面

在小三绝中首推的是龚扇，龚扇即中国竹丝扇，其工艺复杂，堪称艺术珍品，被誉为“天下第一扇”，是我国工艺品中的一颗明珠，至今已有一百多年的历史。菜单上的剪纸是一种古老的传统艺术，它起源于民间，且逐渐发展成自贡的传统工艺品之一，又称刻纸或剪画。桌面绿色的扎染，同样起源于民间，自贡人也在吸取民间打结方法的基础上，对所染的布料进行精心制作，不断改进扎染技术，创新品种，使自贡的扎染质量跃上了新的台阶。

我今天选用龚扇、剪纸、扎染作为宴会主题，目的是让大家记住这些艺术品的存在，让更多人认识它、推崇它、传承它。

我的介绍就到这里，希望大家用餐愉快，谢谢。

（四）中餐厅的服务流程

1. 中餐分菜方法

（1）桌上分让式：服务员站在客人的左侧，左手托盘，右手拿叉与勺，在客人的左侧将菜分派给客人，一般适用于分热炒菜和点心。

（2）2人合作式：由2名服务员配合操作，分菜服务员右手持公筷，左手持长把公勺进行分菜，另一名服务员将每一位客人的餐碟移到分菜服务员近处，由分菜服务员分派，分派完成后从客人左侧为客人送菜。

（3）旁桌分让式：先在转台上向客人展示菜肴，再由服务员端至备餐台，将菜分派到客人的餐盘中，并将各个餐盘放入托盘中，托送至宴会桌边，用右手从客位的右侧放到客人面前。一般用于宴会。

（4）托盘分菜法：将菜肴放在托盘上，左手托住托盘，右手拿分菜用的公叉和长把公勺，从主宾左侧开始，按逆时针方向绕台进行分菜。

2. 中餐分菜的顺序 应是先宾后主，即站在客人左侧操作，先给主宾分让，然后按逆时针方向依次分让。

3. 中餐分菜的注意事项

（1）手法卫生：服务员进行分菜操作时要保持桌面及盘面干净卫生，让客人感觉舒适美观。

（2）动作娴熟：操作时站立要稳，身体不能倾斜或倚靠客人，脸斜侧与菜盘成一直线，腰部略弯，右手使用公筷、长把公勺进行分让。分菜时呼吸要均匀，可以边分边向客人介绍菜肴的名称、风味，讲话时头部不要距离客人太近。注意不要让菜汁溅在客人身上，叉、勺不要在盘上刮出声响。分菜时，动作要协调利落，在保证分菜质量的前提下，以最快的速度完成分菜工作。

（3）分量均匀：分菜时要做到心中有数，掌握好菜肴数量，事先估计要分配给客人的分量，一般要在保证每位客人都能均匀地分到一份的基础上，再多分出一份，以备需要加菜的客人食用。分菜的时候需要将菜肴中最优质的部分分让给主宾。

（4）跟上调料。

①烤鸭：烤鸭皮、鸭肉配大葱、甜面酱、面饼、青瓜等。

②油炸的菜：如香炸鱼排、炸虾球配番茄酱和花椒盐。

③清蒸大闸蟹：上姜醋略加绵白糖，上蟹钳，配红糖姜茶、洗手盅、小毛巾。

④清蒸鱼：清蒸水产类菜肴需上姜醋。

4. 中餐特殊菜肴的服务

（1）拔丝菜肴：分菜时用木质公筷将甜菜夹起，由一名服务员取菜分类，另一名服务员快速将取好的菜放在前面的冷开水中冷却后，递给客人。

（2）鱼类菜肴：分全鱼时，服务员应左手持餐叉按住鱼头，右手持餐刀顺着鱼脊从头划向尾，再将鱼内向两边拨开，用餐刀割断鱼骨刺，将其刷除，然后将鱼肉切成块，蘸满汁分派给客人。

（3）原盅炖品类：如分冬瓜盅，首先用汤勺轻轻将冬瓜盅面上的火腿蓉刮入汤内，然后再用汤勺轻刮下冬瓜盅内壁的瓜肉，搅动几下后，就可将汤料、瓜肉等均匀地分给客人了。

（4）造型菜肴：将造型的菜肴均匀地分给每位客人。如果造型较大，可先分一半，处理完上半部分造型物后再分剩余的一半。也可将可食用的造型物均匀地分给客人，不可食用的部分待分完菜后撤下。

（5）卷食菜肴：一般情况下是由客人自己取拿卷食。若老年人或儿童多的情况下，则需要提供分菜服务。方法如下：服务员将骨碟摆放于菜肴的周围；放好铺卷的外层，然后逐一将被卷物放于铺卷的外层上，最后逐一卷上送到每位客人面前。

四、收档及整理

（一）餐厅整理工作任务流程

（1）客人起身离席后，及时检查座位和台面，送还客人遗留物品；

（2）客人离开后，按顺序撤台，清点物品，整理清扫后台服务区域，清理工作台以及工作车等用具。搞好卫生，宴会厅恢复原样。关闭电器设备（空调、暖风）。注意：不可大面积扫地、拖地。

（3）客人离开后，迅速恢复台面，做翻台准备工作。注意：动作要快、翻台后要标准化摆台。

（4）检查责任区内的电器设备是否关闭；检查责任区内的饰品是否完好；检查责任区的卫生是否合格；检查盘点结果是否有误。

（5）离开时，与换班人员做好交接工作。

1. 餐后注意事项

（1）客人买单离开后立刻检查饭店的物品是否有丢失（高楼层更要特别留意）、客人的东西有否遗留，尤其一些能吸引客人的高档、新奇餐具，丢失的风险也随之加大，服务期间要格外留意。

（2）客人就餐完毕离开时，告别一定要热情，千万不要流露“终于走了”的表情。餐后服务和前期服务一样重要。

2. 客人离开后应做哪些工作?

（1）发现设备设施损坏，要及时报告主管或工程部，以便得到及时维修，避免影响正常营业工作。前提是每天都检查 1 遍。

（2）认真做好周记录，详细写明每天的出勤情况、投诉情况、客流情况、楼面发生的事情、例会内容。

（3）每日餐厅发生的意外事故或投诉要及时告知值班主管，避免其他同事犯同样的错误。

（二）厨房收档工作任务

参考鲁菜风味家宴综合实训内容。

（三）填写收档工作页及自查表

实训项目	立春宴席综合实训	工作评价	
收档工作记录	冷菜收档	规范	欠规范
	热菜收档	规范	欠规范
	面点收档	规范	欠规范
	宴会服务收档	规范	欠规范
反思			

检查人：　　　时间：

组织实训评价

一、宾客满意度评价

评价内容	非常满意（10分）	满意（8分）	一般（6分）	有待改进（4分）
厨房服务（请宾客分项打“√”并提出宝贵建议）				
菜肴味道				
菜肴色泽				
菜肴外形				
菜肴口感				
菜肴卫生				
餐厅服务（请宾客分项打“√”并提出宝贵建议）				
服务态度				
服务用语				
环境布置				
菜单介绍（含宴席主题介绍）				
服务规范				
您对宴会服务和菜品质量的建议：				

二、综合实训评价

职业综合能力评价						
评价要素	优秀（10分）	良好（8分）	合格（6分）	教师评价（30%）	小组互评（30%）	自我总结及评价（40%）
仪容仪表						
沟通能力						
解决问题能力						

拓展练习

续表

职业综合能力评价						
卫生、安全						
总分						

Note

项目六　立夏宴席综合实训

综合实训目标

1. 了解中餐立夏节气的饮食文化和养生知识。

2. 能够对立夏宴席菜肴的主要原料进行营养分析。

3. 能够运用立夏节气养生知识进行饮食搭配和宴席菜肴组配。

4. 能够在规定时间内，熟练运用冻、拌、清炖、炸、蒸、烩、煮等烹饪技法，按照宴席制作流程完成立夏宴席冷菜、热菜、面点的制作任务；运用美食与餐具的搭配规律进行夏季菜肴装盘点缀。

5. 熟练进行后厨与前厅服务岗位的配合，完成立夏宴席中餐摆台及服务。

6. 在实践中初步感悟立夏节气饮食文化和养生习俗，在菜肴制作和服务实践中体验团队合作、精益求精精神及真实的工作过程。

明确实训任务

北京居民（一家 6 口）在北京某酒楼预订了一桌立夏节气宴席。经前台推荐，客人选定了“二冷六热两主食”的菜单，并预订周末中午用餐。请餐饮服务团队在规定时间内完成准备、制作等服务，为客人献上一桌风味浓郁的小型立夏节气宴席。具体菜单如下。

冷菜	酥鲫鱼　朝鲜泡菜
热菜	葱烧蹄筋　凉瓜鸡翅　酱爆鸭片　香煎芙蓉蛋　荷塘小炒
汤	烩乌鱼蛋
面点	葱花饼　黄桥烧饼

本项目教学课件

视频：酥鲫鱼

视频：葱烧蹄筋

视频：酱爆鸭片

视频：香煎芙蓉蛋

视频：荷塘小炒

视频：烩乌鱼蛋

视频：
葱花饼

视频：
黄桥烧饼

12 种中西融合
创新摆盘

米其林经典
摆盘赏析

制订工作方案

一、分析任务

填写任务分析单（参考立春宴席综合实训内容填写）。

二、知识技能准备

（一）二十四节气之“立夏”

“四时天气促相催，一夜薰风带暑来”。春意藏，夏初长。立夏是二十四节气中的第七个节气，也是夏季的第一个节气。《历书》记载：斗指东南，维为立夏，万物至此皆长大，故名立夏也。预示着季节的转换，标志着夏季的到来。

每年 5 月 5 日至 7 日，太阳到达黄经 45° 为“立夏”节气。我国习惯以立夏作为夏季开始的日子。实际上，若按气候学的标准，日平均气温稳定升至 22 ℃以上，夏季开始。立夏前后，我国只有福州到南岭一线以南地区真正进入夏季，而东北和西北的部分地区则刚刚进入春季，全国大部分地区平均气温在 18 ～ 20 ℃，正是“百般红紫斗芳菲”的仲春和暮春季节。

1. 养生要点 立夏时节，不同地区的人们有着不同的习俗，不仅有贯穿南北的煮鸡蛋、斗蛋、秤人，还有饮立夏茶，吃立夏饭、鸡肠面、虾面、糯米团、乌米饭以及各具特色的尝新活动，这些最具民族性的有趣习俗，折射出人们对美好生活的向往。

立夏，要顺时养心，及时调整好起居方式和生活节奏，顺应夏季昼长夜短的特点，夜卧早起，晨练午休，避免疲劳。保持心志安闲，注意戒躁戒怒。饮食宜采取“增酸减苦、调养胃气”的原则，应清淡，少油腻，易消化，可适当选取具有酸味、辛辣香气的食物以开胃。多食果蔬类、谷薯类等清淡，富含维生素、纤维素的食物，以增加纤维素、维生素 C 和 B 族维生素的供给，起到预防动脉粥样硬化的作用。忌贪凉而暴吃冷饮、生凉瓜果等，以免损伤脾胃。多饮温水，以促进体内致热物质从尿、汗中排出，达到清热排毒的目的。

（1）立夏饮食宜清淡：随着立夏的到来，温度可能逐渐攀升，人们难免会觉得烦躁上火，食欲也会有所下降。所以饮食宜清淡，应以易消化、富含维生素的食物为主，油腻辛辣的食物要少吃。如果此时多吃油腻的食物，很容易上火，从而造成身体内、外皆热，甚至出现痤疮、口腔溃疡、便秘等病症。立夏以后饮食原则重在养心，可以多喝牛奶，多吃豆制品、鸡肉、瘦肉等，既能补充营养，又可达到强心的作用。

（2）立夏多吃苦菜类蔬菜：除了要注意少吃油腻的食物外，还可以多吃一些苦菜类蔬菜，比如苦瓜、香菜等。中医认为，苦味入心，苦味食物具有除躁祛湿、清凉解暑、利尿活血、解除劳乏、消炎退热、清心明目、促进食欲等作用。但是，苦味食物均较寒凉，虽然能清热泻火，但体质比较虚弱者不宜食用，否则会加重病情。

立夏是夏天的第一个节气，标志着炎热夏季的到来。专家提醒，此时不宜太贪凉，不要急着换上凉快的裙子、短袖、短裤等，不可贪吃冷饮、冷食，洗冷水澡等。吃太多寒凉的食物会伤脾胃，洗冷水澡等则容易受风导致感冒，最好用温水洗浴。

（3）注意补水：夏季气温高，人体丢失的水分多，必须及时补充。可以多喝牛奶，多吃豆制品、鸡肉、瘦肉等，这样既能补充营养，又可达到养心强心的目的。

2. 养生之道　夏季气温高，湿度大，细菌容易繁殖，饮食要卫生，少吃隔夜饭菜；碗筷要干净，以免染上肠炎、痢疾；体虚者要注意少吃生冷。

由于气温高，出汗多，血液的黏稠度变高，应多喝水，多吃养阴生津之品。

另外，要避免劳心太过，天热易心烦，要会静养，保证睡眠充足。

3. 民间夏季养生菜品

（1）养生菜：如泥鳅烧豆腐、凉拌藕片、丝瓜炒蛋、素烩面筋、佛手三丝。

（2）养生汤：如海带绿豆汤、椰子汤、莲藕冬瓜扁豆瘦肉汤、冬瓜鸡骨汤、赤小豆鹌鹑汤。

（3）养生粥：如荷叶绿豆粥、赤小豆粳米粥、皮蛋瘦肉粥。

4. 传统民俗　立夏当天，我国南方地区的人们会用赤豆、黄豆、黑豆、青豆、绿豆拌合白粳米煮成“五色饭”，俗称“立夏饭”。为迎接立夏，我国江西一带还有立夏饮茶的习俗，有“不饮立夏茶，一夏苦难熬”的说法；在江浙等地有转蛋、碰蛋、绘蛋等立夏民俗游戏；闽南地区立夏吃虾面，即购买海虾掺入面条中煮食，海虾熟后变红，为吉祥之色，而“虾”与“夏”谐音，以此表达对夏天的祝愿。

（二）立夏食材

1. 立夏饭　旧时立夏时节，宁波一带用5种颜色的豆子加上粳米煮成五色饭，又称立夏饭。随着生活水平的提高和物资的丰富，南方很多家庭将原料替换成豌豆、雷笋、蚕豆、苋菜、香菇丁、咸肉丁、胡萝卜等，寓意五谷丰登，颇具仪式感。俗话说“千补万补，不如立夏一补”，吃立夏饭同时也表达了人们希望一年到头身体健康的美好愿望。

2. 青麦蚕　青麦蚕，也称青麦团，是江苏启东、海门一带的立夏节令食品。将还没成熟的青麦穗揉碎，把带壳的麦粒放入锅里炒熟，去掉壳，放进石磨磨成粉，与糖一起制成一条条寸长像蚕宝宝的条状食物，所以叫青麦蚕。

3. 立夏茶　饮立夏茶（又称七家茶）是江浙一带立夏的习俗。立夏之日，新茶上市，妇女要聚集七家的茶叶，共同烹饮，有立夏茶可以防止疰夏，保佑人们健康平安度夏的说法。

4. 立夏粥　立夏时节，湖南耒阳各家各户都要熬立夏粥。立夏粥是用瘦肉、粉丝、糯米丸子、红枣、猪杂、干笋、豌豆、豆芽等10多种食材做辅料，加入大米中熬成香气四溢的粥。

5. 立夏粿　立夏粿，又称立夏果粿，是江西弋阳一带立夏节气的特色食品。立夏之日，家家户户都会煮一大锅立夏粿，吃一整天。立夏粿是将米蒸熟后揉烂，搓成小团子，加入豆芽、豆干、虾皮、豌豆之类的食材一起煮制。吃立夏粿有送春迎夏的寓意，立夏粿中的食材品种越多，表示春收越丰富。

6. 脚骨笋　立夏吃脚骨笋是宁波特有的习俗。脚骨笋实际上就是山上的乌笋。它细细长长的，形似脚骨，烹煮的时候切成3～4厘米长的段，不剖开。据说立夏吃了脚骨笋，一年脚骨都健康。

7. 尝三鲜　无锡民间历来有立夏尝三鲜的习俗。三鲜分为地三鲜、树三鲜和水三鲜。地三鲜指黄瓜、苋菜、蚕豆，树三鲜指樱桃、枇杷、杏子，水三鲜则指螺蛳、鲥鱼、河豚。

8. 见三新　与无锡民间立夏食俗相似，苏州地区有“立夏见三新”的说法。三新指樱桃、麦子和青梅，人们先用其祭祖，然后自己食用。

9. 七家粥　浙江农村地区立夏要吃七家粥。七家粥是用左邻右舍各家汇集起来的米，加入各色豆子和红糖煮成，再一起分食。

10. 立夏蛋　立夏吃蛋是江南一带的习俗。这一天人们用茶叶或核桃壳煮制立夏蛋，民间认为立夏吃蛋能够强身健体。孩子们则喜欢把煮好的鸡蛋用五颜六色的绳子编好挂在胸前，据说这样能保佑孩子不得夏热病。

11. 鼎边糊　立夏时节，福州人要吃鼎边糊。鼎边糊又称锅边糊，是用米浆涮锅边，再加入虾米、木耳、苋菜、香菇、花蛤等做成的风味小吃。煮鼎边糊，也称“做夏”。

12. 虾面　立夏之日，闽南家家户户用新鲜的虾子、青菜、猪肉和油面一起煮成虾面，供全家食用。

13. 夏团子　立夏吃夏团子是湖南娄底的习俗。先将糯米粉和成团，揪成小剂子，捏成饺皮状，包入馅，收口搓圆，然后下锅煮，放入白糖。

14. 光饼　福建闽东地区立夏这天要吃光饼。光饼是面粉加少许盐烘制而成的，但吃法又有些差异。周宁、福安等地是将光饼放入水中浸泡后做成菜肴，而福鼎、蕉城等地则是把光饼剖开，夹入炒熟的豆芽、韭菜、肉、糟菜等一起吃。

（三）芒种宴菜单

芒种宴菜单如下所示。

芒种宴
Banquet in Fullness of Summer

春雨惊春清谷天　夏满芒夏暑相连
秋处露秋寒霜降　冬雪雪冬小大寒

四干果·内蒙古五原县南瓜籽·巴彦淖尔瓜子仁·开心果·桃仁
四鲜果·阳光玫瑰葡萄·小金桔·圣女果·红心柚子
四蜜饯·黄桃干·四川达县乌梅·葡萄干·山东沂蒙樱桃
四小点·玫瑰糕·栗子糕·红豆糕·抹茶糕

前调·前菜

夏天的莫奈花园　　红紫斗芳菲　满园张锦机
Side Dish · Monet's Summer Garden

麻辣小龙虾　　宿鹭窥沙孤影动　应有鱼虾入梦
Spicy-numb Langoustines

盐水肥肝配寿司姜啫喱　　凉侵晓梦轻蝉腻　约略红肥
Brined Duck Liver with Sushi Ginger Jelly

椒麻乳鸽

芥末手剥鸭掌　　青梅如豆柳如眉　日长蝴蝶飞
Duck Webs with Mustard

海胆麻酱茄泥　　零落成泥碾作尘　只有香如故
Sea Urchin with Mashed Eggplant

熊熊的面皮　　雨声潇潇泥滑滑　草深苔绿无人行
Cold Rice Noodles

绿豆饭咸蛋黄　　绿遍山原白满川　子规声里雨如烟
Mung Bean Rice with Salted Duck Egg Yolk

悠韵·汤

番茄浓汤　　寻花携李　红漾轻舟汀柳外
Cream of Tomato

青华·招牌主菜

三虾烧大排翅
Stewed Shark's Fin with "Shrimp Trio"

浅唱·小品·黄桃雪葩　　却忆孤山醉归路　马蹄香雪衬东风

李鸿章臭鳜鱼汁
蓝纹芝士焗长海2头鲜鲍　　爱惜芳时　莫待无花空折枝
Braised Changhai Abalone with Li Hongzhang Smelly Mandarin Fish Sauce and Blue Cheese

浅唱·小品·豌豆小时候　　娉娉袅袅十三余　豆蔻梢头二月初
Side Dish · Tiny Baby Peas

行吟·主菜

豉椒牛仔粒　　辣辣辛辛一味禅　惯常岂在灼头边
Black Pepper Beef

凉瓜炒蛏子

芒种虾烧丝瓜　　黄花万蕊雕阑绕　通体清香无俗调
Stir-fried Loofah Gourd with Seasonal Shrimps

美极金钩炒蚕豆　　新绿小池塘　风帘动　碎影舞斜阳
Stir-fried Golden Hook Dried Shrimps and Broad Beens with Maggi Sauce

幽香·主食

香茅草烤大董22天酥不腻小雏鸭
配卡露伽鱼子　　风荷百顷占涟漪　烟树溪家乳鸭飞
DaDong "SuBuNi" (Crispy Non-fatty) Roast Suckling Duck Smoked with Lemon Grass

牛油果酱四川凉面　　风回小院庭芜绿　柳眼春相续
SiChuan Cold Noodles with Avocado Puree

余曲·甜品

烤榴莲

Note

夏天的莫奈花园

麻辣小龙虾

盐水肥肝配寿司姜啫喱

椒麻乳鸽

芥末手剥鸭掌

海胆麻酱茄泥

熊熊的面皮

绿豆饭咸蛋黄

番茄浓汤

三虾烧大排翅

黄桃雪葩

李鸿章臭鳜鱼汁蓝纹芝士焗长海 2 头鲜鲍

豌豆小时候

豉椒牛仔粒

凉瓜炒蛏子

美极金钩炒蚕豆

Note

香茅草烤大董 22 天酥不腻小雏鸭配卡露伽鱼子

牛油果酱四川凉面

三、制订实训计划

根据实训项目内容和要求，讨论并填写综合实训任务计划书（参考立春宴席综合实训内容填写）。

进入工作准备

一、宴会服务准备

（一）了解开餐前餐厅服务准备工作流程

掌握客人信息及要求→餐具、用具准备→宴会摆台和布置→环境卫生与整理→工作台摆放饮料及服务用具→准备菜单→准备迎宾

（二）填写宴会服务准备任务单

参考立春宴席综合实训内容填写。

二、厨房工作准备

（一）了解厨房工作流程

信息沟通→餐前检查→接单确认→菜肴烹调→装盘检查→划单传菜

（二）填写厨房准备工作页及自查表

参考立春宴席综合实训内容填写。

（三）填写菜肴原料准备工作页

参考立春宴席综合实训内容填写。

怎样掌握油温

制作与服务

一、了解厨房制作与餐台服务工作衔接程序

信息沟通→餐前检查→接料确认→菜肴烹调→装盘检查→划单传菜

填写中餐厨房划单传菜工作页——跟单指挥与划单传菜（参考立春宴席综合实训内容填写）。

二、填写菜肴制作工作页

每道菜肴填写 1 份（参考立春宴席综合实训内容填写）。

师傅点拨

技法园地——煎

煎炒菜，味香浓，主料加工多扁平；选料鲜，忌粗老，两面煎黄用油少；讲火候，大翻勺，成型工整品相好；可挂糊，易造型，口味繁多贯西中。

技法园地——烩

烩菜技法又称羹，型小质嫩刀工巧；原料先行热处理，汤醇味厚芡汁好。

三、宴席餐中服务

（一）了解宴席服务流程

站立迎宾→接挂衣帽→拉椅让座→询问茶水→打开口布→撤筷套→斟倒茶水→通知起菜→酒水服务→上菜服务→检查并送客

（二）填写宴席餐中服务工作页

参考立春宴席综合实训内容填写。

低温储藏要求

四、收档及整理

完成餐厅整理工作任务→完成厨房收档工作任务→填写收档工作页及自查表（参考立春宴席综合实训内容填写）

Note

组织实训评价

一、宾客满意度评价

参考立春宴席综合实训内容进行。

二、综合实训评价

参考立春宴席综合实训内容进行。

拓展练习

项目七 立秋宴席综合实训

本项目
教学课件

视频：
樟茶鸭子

视频：
老北京豆腐

视频：
南煎丸子

视频：
葱爆羊肉

视频：
香酥鸡

视频：
石烹虾酱鸡蛋

综合实训目标

1. 了解中餐立秋节气饮食文化和养生知识。

2. 能够运用立秋饮食搭配和节气养生知识进行宴席菜肴组配。

3. 能够在规定时间内，熟练运用冻、拌、清炖、炸、蒸、烩、煮等烹饪技法，按照宴席制作流程完成立秋宴席冷菜、热菜、面点的制作任务；运用美食与餐具的搭配规律，进行立秋宴席菜肴装盘点缀。

4. 熟练进行后厨与前厅服务岗位配合，完成立秋宴席中餐摆台及服务。

5. 在实践中初步感悟立秋节气饮食文化和养生习俗，在菜肴制作和服务实践中体验团队合作及精益求精的精神，积累工作经验，体验真实的工作过程。

明确实训任务

北京居民（一家 8 口）在饭店预订了一桌立秋宴席。经前台推荐，客人选定了“二冷七热两主食”的菜单，并预订周末中午聚餐。请餐饮服务团队在规定时间内完成准备、制作等服务，为客人献上一桌风味浓郁的小型立秋宴席。具体菜单如下。

冷菜	樟茶鸭子　老北京豆腐
热菜	南煎丸子　葱爆羊肉　香酥鸡　菊花鱼　石烹虾酱鸡蛋　脆皮炸椰奶
汤	清汆蔬菜鱼圆
面点	萝卜丝饼　三鲜馄饨

Note

制订工作方案

一、分析任务

填写任务分析单（参考立春宴席综合实训内容填写）。

二、知识技能准备

（一）立秋——云天收夏色，木叶动秋声

立秋是二十四节气中的第 13 个节气，太阳从北回归线向南返回期间到达黄经 135° 时为立秋。立秋指暑去凉来，意味着秋季的开始。从文字角度来看，“秋”字由“禾”与“火”字组成，有禾谷成熟的意思。秋季是天气由热转凉，再由凉转寒的过渡性季节，立秋是秋季的第一个节气。

由于全国各地气候不同，秋季开始时间也不一致。气候学上以每 5 天的日平均气温稳定下降到 22 ℃以下的始日作为秋季开始，这种划分方法比较符合各地实际，但与黄河中下游立秋日期相差较大。立秋以后，我国中部地区早稻收割，晚稻移栽，大秋作物也进入了重要生长发育时期。古人把立秋当作夏秋之交的重要时刻，一直很重视这个节气。

1. 立秋饮食　立秋虽然标志着秋季的开始，但刚立秋后的一段时间内气温通常还比较高，空气的湿度也比较大，人们不但感觉不到秋凉和秋燥，反而会有闷热潮湿的感觉。再加上人们在夏季常常过食冷饮，多有脾胃功能减弱的现象，此时如果大量进食补品，特别是过于滋腻的养阴之品，会进一步加重脾胃负担，使肠胃无法承受，导致消化功能紊乱。因此，初秋进补宜清补，而不宜过于滋腻。

2. 立秋清补　所谓清补，主要是指补而不腻，具体而言就是适当食用一些具有健脾、清热、利湿的食物或药物，一方面可以使体内的湿热之邪从小便排出，以消除夏日酷暑的“后遗症”；另一方面能调理脾胃功能，为中、晚秋乃至冬季进补奠定基础。此时不妨适当多喝点绿豆粥、荷叶粥、红豆粥、红枣莲子粥、山药粥等。对于一些脾胃虚弱、消化不良的人群而言，此时一定要与滋腻的养阴之品，如鹿角胶、阿胶等“划清界限”，否则，非常容易加重食欲不振、消

视频：
脆皮炸椰奶

视频：
清汆莼菜鱼圆

视频：
萝卜丝饼

立秋风俗

化不良等症状，脾胃虚弱者还可适当多喝点具有健脾利湿作用的薏米粥、扁豆粥，其对身体大有裨益。

初秋之后虽然天气一天比一天凉爽，但也经常有“秋老虎”光临。中秋时节若出现高温、天晴少雨、持续干旱、空气干燥时，温燥便不请自来。它常损伤人体的津液，引起皮肤干燥、舌红少津、毛发干枯、大便干结、口鼻咽干、胸痛干咳等症状。晚秋时节，凉燥伤肺使人咳嗽痰稀、咽干唇燥、鼻塞不通。不管温燥还是凉燥，总以皮肤干燥、津液缺乏为特征。为了预防秋燥，中、晚秋应食用一些性质平和且具有滋阴润燥、养肺生津作用的药物或食物，如用白木耳或黑木耳炖冰糖服用；用玉竹、沙参与鸭一起煲汤服用；黑芝麻炒熟、研末，用蜂蜜调服；可适当多吃一些水果，以梨、甘蔗为首选，荸荠、香蕉、枇杷等也是良好的润燥之物。但脾虚湿重而泄泻者，肺寒咳嗽而痰黏者，则不宜多吃上述水果。

需要提醒大家的是，秋季进补应以清补、平补为主。除了阳虚体质者外，不要过多食用温热的食物或药物，如羊肉、狗肉、人参、鹿茸、肉桂等，否则极易加重秋燥。此外，秋季进补还应因人而异。对于身体虚弱，患有慢性疾病的人群，最好在医生的指导下辨证进补，以达事半功倍之效。

3. 养生要点

（1）要适应秋季容平之气，做到内心宁静，神志安宁，心情舒畅，以敛神气。

（2）立秋之季，应顺其自然，开始“早卧早起，与鸡俱兴”。早卧以顺应阳气之收敛，早起可使肺气得以舒展，且防收敛太过。

（3）立秋时节，暑热还未除，虽然已经有凉风吹过，但天气变化无常，经常出现“一天有四季，十里不同天”的情况，所以着衣不宜太多，否则会影响身体对气候转冷的适应能力，易受凉感冒。

（4）秋季可适当食用芝麻、糯米、粳米、蜂蜜、枇杷、菠萝、乳品等柔润食物，以益胃生津。

（5）秋季养生功，即秋季吐纳健身法，具体做法：清晨洗漱后，于室内闭目静坐，先叩齿 36 次，再用舌在口中搅动，待口里液满，漱练几遍，分 3 次咽下，并意送至丹田，稍停片刻，缓缓做腹式深呼吸。吸气时，舌舔上腭，用鼻吸气，用意送至丹田，再将气慢慢从口中呼出，呼气时要默念“哂”字，但不要出声。如此反复 30 次。秋季坚持此功，有保肺健身之功效。

4. 民间立秋菜品

（1）养生菜：三鲜百合、鲫鱼炖豆腐、糖醋鲜藕、柚子鸡、凉拌土豆丝等。

（2）养生汤：鱼胶圆肉山药水鸭汤、莲藕猪蹄汤、木瓜鱼尾花生汤、鱿鱼豆腐什锦汤、浓香鱼头汤等。

（3）养生粥：枸杞山药粥、山药扁豆粥、珠玉二宝粥等。

（二）大董立秋宴菜单

大董立秋宴菜单如下所示。

立秋宴

风味人间 · 大董味道

Banquet in Celebration of Fall

春雨惊春清谷天　夏满芒夏暑相连
秋处露秋寒霜降　冬雪雪冬小大寒

四干果 · 内蒙古五原县南瓜籽 · 巴彦淖尔瓜子仁 · 开心果 · 桃仁

四鲜果 · 小白杏 · 荔枝 · 黄西红柿 · 樱桃

四蜜饯 · 黄桃干 · 四川达县乌梅 · 葡萄干 · 山东沂蒙樱桃

四小点 · 藤萝饼 · 玫瑰饼 · 红豆糕 · 绿豆糕

前调 · 前菜

豆汁布丁　　树阴满地日当午　梦觉流莺时一声
Traditional Beijing Fermented Bean Curd Pudding

盐水肥肝配寿司姜啫喱　　凉侵晓梦轻蝉腻　约略红肥
Brined Duck Liver with Sushi Ginger Jelly

木姜子金枪鱼腩
Tuna Belly with Litsea

香辣猪手卷　　应是绿肥红瘦
Spicy Pork Knuckle Rolls

伊比利亚火腿白鸡枞　　枯松作薪香出屋　冰蔬雪菌竞登盘
Iberian Ham with White Termite Mushrooms

海胆麻酱茄泥　　零落成泥碾作尘　只有香如故
Sea Urchin with Mashed Eggplant

酸辣黄瓜　　兰陵美酒郁金香　玉碗盛来琥珀光
Sour and Spicy Cucumber

悠韵 · 汤

桃粉浅浅胖大海冷汤

青华 · 招牌主菜

干巴菌炒大排翅　　绿条映素手　采桑向城隅
Stir-fried Giant Shark's Fin with Yunnan Ganba Mushrooms

浅唱 · 小品 · 合肥炒米青柠檬泡沫　　清似水沉香　色染蔷薇露
Side Dish · Parched Hefei Rice with Lemon Foam

广东台山黄油蟹　　霜前雁到蟹螯持　自试小窗醉墨　作新诗
Guangdong Taishan Buttered Crab

浅唱 · 小品 · 粉红糖醋仔姜　　白社流吴曲　红花迷楚芳
Pickled Ginger

行吟 · 主菜

青豆肉饼香糟松叶蟹

青梅糖醋小排　　孤舟蓑笠翁　独钓寒江雪
Sweet and Sour Pork Ribs at Snowy River

藤椒葵香鸡

鸡油菌炒丝瓜秧

豆豉彩椒煎洋姜

幽香 · 主食

烩酸辣肚丝汤配牛皮肉饼

海胆炒饭

悠曲 · 甜品

渐变双皮奶燕窝　　梨花菊蕊不相饶　娇黄带轻白
Milk Custard with Cubilose

豆汁布丁

盐水肥肝配寿司姜啫喱

木姜子金枪鱼腩

香辣猪手卷

伊比利亚火腿白鸡枞

海胆麻酱茄泥

酸辣黄瓜

桃粉浅浅胖大海冷汤

干巴菌炒大排翅

合肥炒米青柠檬泡沫

广东台山黄油蟹

粉红糖醋仔姜

青豆肉饼香糟松叶蟹

青梅糖醋小排

藤椒葵香鸡

鸡油菌炒丝瓜秧

豆豉彩椒煎洋姜

烩酸辣肚丝汤配书皮肉饼

渐变双皮奶燕窝

（三）大董意境菜

大董意境菜是以菜品为媒介，运用中国绘画的写意技法和中国盆景的拼装技法反映中国古典文学的意境之美，呈现出情景交融、虚实相生、充满生命律动韵味和无穷诗意的空间，是色香味形滋养的美食艺术，与欣赏者精神世界高度融合，完美统一的新流派。

花草摆盘

1. 意境　清代画家兼理论家笪重光在《画筌》一书中使用“意境”这一概念，并针对山水画创作提出了“实境”“真境”和“神境”的理论，对绘画中意与境的含意和相互关系做了较深入的分析，对绘画中的虚实、形神、情景等问题，即意境的表现问题，都做出了有益的探索。

意境理论的提出与发展，使中国传统绘画，尤其是山水画创作，在审美意识上具备了二重结构，一是客观事物的艺术再现，一是主观精神的表现，而二者的有机联系则构成了中国传统绘画的意境美。因此，美术所强调的意境，既不是客观物象的简单描摹，也不是主观意念的随意拼合，而是主客观世界的统一，是画家通过“外师造化，中得心源”，在自然美、生活美和艺术美三方面所取得的高度和谐的体现。意境的构成是以空间境象为基础的，是通过对境象的把握与经营而达到“情与景汇，意与象通”，这一点不但是创作的依据，同时也是欣赏的依据。

意境的最终构成，是将创作和欣赏两个方面结合才得以实现的。创作是将无限表现为有限，百里之势浓缩于咫尺之间；而欣赏是从有限窥视到无限，于咫尺间体味百里之势。正是这种由面到点的创作过程和由点到面的欣赏过程，使作品中的意境得以展现出来，二者都需要形象和想象才能感悟到意境的美。

2. 大董意境菜要素之中国传统文化、美学与烹饪的契合　大董意境菜创始人董振祥大师结合绘画、摄影谈菜品构图，以下是董振祥先生原话。

在我的菜品艺术创作过程中，我的业余爱好——摄影，对我的影响是非常大，摄影中的构图、色彩、光影等知识，不自觉地在菜品中体现出来了。

我有一个“毛病”，就是学习一件事，总爱刨根问底，穷追根由，并反复阅读大量有关书籍。学习摄影，自然也是如此。《美国纽约摄影学院摄影教材》是我迄今为止读过最多遍的摄影书籍，它内容翔实、理论性强。

关于构图，它有如下的内容：

（1）好的照片必须有一个主题——能表达普遍性寓意的主题。

（2）好的照片要把观众的注意力集中到趣味中心——被摄主体上。

（3）好的照片必须画面简洁，也就是说只摄入必要的内容，而排除或压缩分散注意力的内容。

那么，这里给了我一个启示，就是对于大董意境菜而言，每个菜品都是一个作品，都有意蕴，并应有其深刻的主题，力求简洁，突出主料，配菜恰当。

菜品主题其实在大董为其配写的宋词中，已有明确的昭示。问题是如何用器皿去表达这个主题。《美国纽约摄影学院摄影教材》讲了摄影与绘画的关系，其中摄影的大部分构图法来自绘画，如斜线构图法、黄金分割法，但除了这些以外，这本书还告诉了我，一切法则注定都要被突破，要把注意力放到被摄主体（主料）上。这种吸引注意力的方法叫作突出重点法。那么突出重点的方法都有哪些呢？如何把被摄主体（主料）放在画框（菜盘）中的恰当位置呢？如何解决好画面（菜盘）上其他景象（配菜、酱汁）与主体（主料）的比例关系呢？

首先，要决定作为趣味中心的被摄主体（主料）所在的位置，一般来说，放在靠近画面中心（菜盘）的物体最为突出。但是这种布局，使人感到僵硬死板，没有生气。把一条线段分割为两部分，使其中一部分与全长之比等于另一部分与这部分之比，这个比值是一个无理数，取其 3 位有效数字的近似值是 0.618。由于按此比例设计的造型十分美丽，因此被称为黄金分割比。在工艺美术和日用品的长宽设计中，采用这一比值能够引起人们的美感，在实际生活中的应用也非常广泛，建筑物中某些线段的比例就采用了黄金分割比，如舞台上的报幕员并不是站在舞台的正中央，而是舞台上一侧，以站在舞台长度的黄金分割点的位置最美观，声音传播效果最好。就连植物界也有采用黄金分割比的地方，如果从一条嫩枝的顶端向下看，就会发现叶子是按照黄金分割比的规律排列着的。在很多科学实验中，选取方案常用 0.618 法，即优选法。正因为它在建筑、文艺和科学实验中有着广泛而重要的应用，所以人们才称它为“黄金分割比”。

我最初学画画时，只知道涂鸦竹子。一次，老师指着我画的竹子说：“竹节上有一层白粉，要把它表现出来，但不能用笔画，应该留出来，这叫作留白。”印象中，这是我第一次听到“留白”一词。于是，我开始不断体验、感悟留白。我渐渐发现，不但画竹要留白，画人物、花鸟、山水都要留白。只是多与少、内与外、先与后的区别。作画时，留白的经营，与用笔、用墨的经营一样重要，甚至更重要。

艺术大师都擅于留白。八大山人朱耷的画，处处留白而处处有意，空灵虚幽，方寸之间尽显天地之宽。黄宾虹的山水画，乍看处处不留白，其实处处在留，尽精微而致广大，浑厚华滋，自然天成。艺术大家，往往是留白的大家。

文章也要留白，惜墨如金说的就是这个道理。记得刚喜欢上写文章时，老师讲：“你在尽力地写好、写生动，出发点当然好，可是让读者感到缺乏了想象的空间，就没有多大的意思了。”我由此想到鲁迅先生刻画祥林嫂的手法，全文没有出现一个故意伤害祥林嫂的人，可让人感觉处处有人在把她推入绝境。意到笔不到，让读者的想象空间无限，就是大家大师风范。而这所谓想象空间，便是留白。

Note

大董意境菜犹如中国画，立意为先，情景交融，疏密有致，张弛有度。不像西方油画，把整幅画布涂得满满的。往往只是几棵青菜、几滴酱汁的点缀便成就了一道佳肴，意蕴无穷。

记得，启功先生有个弟子的书法小有所成，欲求精进，全身心投入到翰墨书海之中。只求书法精湛，却忽视了自身的特有风格及工作与生活的协调，适得其反。启功先生只以八字相劝，“密不透风，疏可走马”。疏者，留白也。全心投入，夜以继日地创作，精神可嘉，而静下心来进行思考，注意给自己的思想“留白”，这也是艺术创作的一部分。

留白，是一种智慧，一种境界，更是一种健康的人性！

三、制订实训计划

根据实训项目内容和要求，讨论并填写综合实训任务计划书（参考立春宴席综合实训内容填写）。

进入工作准备

一、宴会服务准备

（一）了解开餐前餐厅服务准备工作流程

开档→完成菜肴加工组配→完成菜肴半成品加工→完成菜肴烹制→成品装盘与整理→收档

（二）填写宴会服务准备任务单

参考立春宴席综合实训内容填写。

二、厨房工作准备

（一）了解厨房工作流程

掌握客人信息及要求→餐具、用具准备→宴会摆台和布置→环境卫生与整理→工作台摆放饮料及服务用具→准备菜单→准备迎宾

（二）填写厨房准备工作页及自查表

参考立春宴席综合实训内容填写。

（三）填写菜肴原料准备工作页

参考立春宴席综合实训内容填写。

制作与服务

一、了解厨房制作与餐台服务工作衔接程序

信息沟通→餐前检查→接单确认→菜肴烹调→装盘检查→划单传菜

怎样勾芡

与厨房沟通后，了解不同菜品上桌的方法，做好台面服务。

（一）凉菜上法

四味碟同凉菜一起上桌，成“十”字形摆放。

荤素搭配，颜色搭配，菜盘形状、大小搭配，菜品等位摆放，菜盘与转盘边相距3厘米左右，凉菜花样装饰朝上，配备的调料置于凉菜右下角，主盘置于主人与主宾之间，颗粒状的凉菜配备公勺，转盘外圈菜盘摆放已满，凉菜统一置于转盘内圈（标准摆放，保证客人能夹到菜品）。

（二）煲类菜品上法

空位→上桌→揭盖（左手拿盖，反面朝上，避免汤汁滴洒到客人身上）→将菜品置于主人与主宾之间→报菜名（如××菜，请慢用）。若是整份需分解的菜品，例如干焖鸡、手撕肘、风味羊腿等，应采取的服务用语：“这是××菜，需要帮您把它分开吗？”经客人同意后，将菜品端至备餐间进行分解（分解后尽量保持菜品的原型，做到菜品不散，完

Note

整美观），配备相应的公用餐具上桌，置于主人与主宾之间，最后介绍菜品：“×× 菜已分好，请慢用。”

（三）卡式炉使用方法

（1）先空位，放垫布。

（2）上卡式炉（保证干净，气罐充足），置于垫布上。

（3）上砂锅或铁锅类菜品（底盘拿掉），配备大汤勺倒扣于骨碟内，摆至卡式炉右下方。

（4）揭盖，把菜品移至主人与主宾之间，报菜名，“×× 菜，帮您烧一下”。

（5）将菜品移至上菜口，盖上盖子。

（6）先打开总开关，再打开副开关（适当调节火候）。

（7）待菜品加热到沸腾后，先关闭副开关，再关闭总开关。

（8）揭盖，将菜品转至主人与主宾之间，介绍菜肴，“×× 菜，请慢用”。（需要分解的菜肴应说：“×× 菜，帮您分一下。”）

（9）经客人同意，把盖子放到备餐间。

（10）从主宾位开始，按顺时针方向将菜品分派给每位客人。

（11）根据菜品的温度变化进行适当加热。

师傅点拨

鱼的服务方式

1. 鱼的上法　空位→上桌（鱼头朝左，鱼尾朝右）→置于主人与主宾之间→报菜名（如 ×× 鱼，请问鱼骨需要剔出吗）→经客人同意后，将鱼端至备餐间。

2. 剔鱼骨　使用分餐刀与叉将鱼身上的香菜及葱丝移至菜盘边，切开头部；稍微向前方移动，切开尾部；稍微向后方移动，用叉固定鱼身，用刀划开鱼上身中间；从头开始划向尾部，将已划开的上下部分鱼肉小心剥开，露出鱼骨，尽量不损坏鱼皮；使用分餐叉从鱼的上身向鱼尾的方向挑出鱼骨，整理鱼身；将划开的上下部分鱼肉向中间并拢，使鱼身保持原样；将鱼头、鱼尾归位，将葱丝平铺于鱼身上，再将香菜放到葱丝上，用公勺将菜盘内的菜汁均匀地洒在鱼身上。将剔好的鱼配备公勺上桌，移至主人与主宾之间；报菜名，“×× 鱼，鱼骨已剔好，请各位慢用”。

3. 将鱼分派到每位客人骨碟内　将已剔好鱼骨的鱼，按人数均匀分派到每位客人骨碟内；将鱼头和鱼尾放到同一个骨碟内，头尾之间放少许鱼肉，拼成一条整鱼；在鱼肉身上平铺少许葱丝，剩余的鱼肉均匀分派到其他骨碟内；先把拼好的鱼上到主宾位的垫盘上，再将分有鱼肉的骨碟按顺序依次上到其他客人的垫盘上。

师傅点拨

汆

汆之技法不用油，滑嫩脆糯鲜味足；咸鲜酸辣最常见，汤清见底不勾芡；
搅拌肉馅需打水，顺着方向打起劲；挤制肉圆讲手法，积累经验是关键；
汆时汤水微冒泡，水开打滚不成团。

烧

烧之技法用得多，主料过油再炝锅；大火烧开小火煨，旺火收汤油调汁；
红烧白烧要分清，一汤白来一汤红；还有葱烧虾子烧，命名都因加辅料；
糟烧菜肴用不多，酒香浓郁味不错；干烧菜肴汁收底，咸甜微辣味道好；
软烧技法算特殊，只过水来不过油；烧制肉类后加盐，小火炖靠香醇浓；
慢着火来少着水，火候足时它自美。

（四）填写中餐厨房划单传菜工作页——跟单指挥与划单传菜

参考立春宴席综合实训内容填写。

二、填写菜肴制作工作页

每道菜点填写 1 份（参考立春宴席综合实训内容填写）。

三、宴席餐中服务

（一）了解宴席服务流程

站立迎宾→接挂衣帽→拉椅让座→询问茶水→打开口布→撤筷套→斟倒茶水→通知起菜→酒水服务→上菜服务→检查并送客

（二）填写宴席餐中服务工作页

参考立春宴席综合实训内容填写。

四、收档及整理

完成餐厅整理工作任务→完成厨房收档工作任务→填写收档工作页及自查表（参考立春宴席综合实训内容填写）

组织实训评价

一、宾客满意度评价

参考立春宴席综合实训内容进行。

二、综合实训评价

参考立春宴席综合实训内容进行。

拓展练习

Note

项目八　立冬宴席综合实训

综合实训目标

1. 了解中餐立冬节气饮食文化和养生知识。

2. 能够对立冬宴席菜肴主要原料进行营养分析。

3. 能够运用立冬饮食搭配和节气养生知识进行宴席菜肴组配。

4. 能够在规定时间内，熟练运用冻、拌、清炖、炸、蒸、烩、煮等烹饪技法，按照宴席制作流程完成立冬宴席冷菜、热菜、面点的制作任务；运用美食与餐具的搭配规律进行立冬宴席菜肴装盘点缀。

5. 熟练进行后厨与前厅服务岗位配合，完成立冬宴席中餐摆台及服务。

6. 在实践中初步感悟立冬节气饮食文化和养生习俗，在菜肴制作和服务实践中精诚合作、精益求精，体验真实的工作过程。

本项目
教学课件

视频：
四季养生泡菜

视频：
菠萝咕噜肉

视频：
炸烹鸭四宝

视频：
砂锅全家福

视频：
锅塌豆腐

明确实训任务

一行 8 人来京旅游在北京某饭店预订了一桌宴席，客人以北方人为主。经前台推荐，客人选定了“二冷七热两主食”的菜单，并预订中午聚餐。请餐饮服务团队在规定时间内完成准备、制作等服务，为客人献上一桌风味浓郁的立冬宴席。具体菜单如下。

冷菜	温拌鱼鳃腰片　四季养生泡菜
热菜	蚝油牛肉　菠萝咕噜肉　炸烹鸭四宝　砂锅全家福　锅塌豆腐　京味烧茄子
汤	浓汤什锦菇
面点	山西猫耳朵　烫面炸糕

视频：
浓汤什锦菇

视频：
烫面炸糕

制订工作方案

一、分析任务

填写任务分析单（参考立春宴席综合实训内容填写）。

二、知识技能准备

（一）立冬——天水清相入，秋冬气始交

每年 11 月 7 日或 8 日为立冬节气。我国古时民间习惯以立冬作为冬季的开始，《月令七十二候集解》中记载：“立，建始也”“冬，终也，万物收藏也”。古人对“立”的理解与现代人一样，是建立、开始的意思；“冬”的意思是秋季作物全部收晒完毕，收藏入库，动物也已藏起来准备冬眠。所以立冬不仅仅代表着冬季的来临，还有万物收藏，规避寒冷的意思。

我国古代将立冬分为三候，一候水始冰，二候地始冻，三候雉入大水为蜃。此节气水已经能结成冰，土地也开始冻结，三候中的“雉”指野鸡一类的大鸟，“蜃”为大蛤，立冬后，野鸡一类的大鸟便不多见了，而海边却可以看到外壳与野鸡的线条及颜色相似的大蛤，所以古人认为雉立冬后便变成了大蛤。

1. 养生要点　冬季是天寒地冻，万木凋零，生机潜伏闭藏的季节，人体的阳气也随着自然界的转化而潜藏于内。冬季养生应顺应自然界闭藏的规律，以敛阴护阳为根本，以养藏为原则。早睡晚起，日出而作，保证充足的睡眠，以利于阳气潜藏，阴精蓄积。而穿得过少过薄，室温过低，既易感冒又耗阳气。反之，穿得过多过厚，室温过高，则阳气不得潜藏，寒邪易于侵入，人体将会失去新陈代谢的活力。所以，立冬后的起居调养切记“养藏”。

以温补为原则。冬令进补能提高人体的免疫力，不仅能使畏寒的现象得到改善，还能调节体内的物质代谢，使能量最大限度地储存于体内，为来年的身体健康打好基础。冬要温补，少食生冷，但也不宜燥热，以有的放矢地食用一些滋阴潜阳、热量较高的膳食为宜，如牛羊肉、乌鸡、鲫鱼等。同时也要多吃新鲜蔬菜，以避免维生素的缺乏，多饮豆浆、牛奶，多吃萝卜、青菜、豆腐、木耳等。

冬季气候干燥，人体极易缺水。常饮白开水，不仅能保证机体的需要，还可起到利尿排毒、清除废物之作用。坚持每天早上用冷水洗脸，可增强人体耐寒能力，达到预防疾病之目的。床头常放柑橘，其散发出来的气味可预防鼻炎；睡前剥几瓣橘子吃，能化痰止咳。

2. 民间立冬菜品

（1）养生菜：番茄糖藕、羊杂羹、香油鸡、核桃仁青蒜炒鲜虾、杏仁肉卷等。

（2）养生汤：老姜猪肚汤、牛肉蔬菜浓汤、冬瓜排骨汤、鸡肉慈姑汤、火腿鸡蓉汤等。

（3）养生粥：黑芝麻粥、核桃枸杞粥、羊肉糯枣温胃粥等。

3. 立冬的食俗　每逢立冬，草木凋零，蛰虫伏藏，万物活动趋向休止，进入冬眠状态以养精蓄锐，为来春生机勃发做准备。人类虽没有冬眠之说，但民间却有立冬补冬的习俗。

立冬时斗指西北，太阳黄经为225°，时值公历11月7日前后，我国民间习惯上把这一天当作冬季的开始。我国传统的四季划分是以二十四节气中的“四立”作为始点。立冬与立春、立夏、立秋合称四立，在古代社会是非常重要的节日。在立冬之日辛苦劳作了一年的人们会休息，顺便用美食犒赏一年的辛苦。谚语“立冬补冬，补嘴空”就是最好的证明。古人认为立冬之后天转寒冷，要补充身体营养，可食人参、鹿茸、狗肉、羊肉及鸡鸭炖八珍等，也有的中药店推出十全大补汤，即用十种滋补的中药炖鸡或其他肉类做成的补品。

满族有烧香的习俗。立冬后，秋粮一入库，便是其烧香祭祖的活跃时期。烧香活动一般持续5～7天，在操办祭祖烧香的头三天，全家人都吃斋，不吃荤腥。

我国天津一带立冬有吃倭瓜饺子的风俗。倭瓜又称窝瓜、番瓜、饭瓜和北瓜，是北方一种常见的蔬菜。倭瓜一般是在夏季买的，存放在小屋里或窗台上，经过长时间糖化，在冬至这天做成饺子馅，味道既与大白菜有异，也与夏天的倭瓜味道不同，蘸醋加蒜吃，别有一番滋味。

（二）立冬菜肴介绍

1. 羊肉小酥肉　羊肉性温热，能补气滋阴，暖中补虚。《本草纲目》说它是补元阳益血气的温热补品，最宜冬季食用。羊肉的口感比猪肉等细嫩，无论是涮锅、爆炒，还是焖煮，都是冬日难得的美味。

2. 菊花锅　唐鲁孙在《岁寒围炉话火锅》中曾以重墨描绘北平秋冬之际的时令之物——菊花锅子。东篱菊绽时，以鲜菊入馔，“众香发越，甘旨柔滑，正是秋末冬初宜饭宜酒的美肴”。晚清宫廷中便盛行一道名馔，将鲜菊与各色食材同煮，借菊花清香爽神之鲜美气味。民国时期的《旧京秋词》载，食菊之风盛行于北京各大饭馆，已是“更摘寒英堆满案，招朋同试菊花锅”。

（三）大董意境菜改造菜品的方法

求真、求雅与变异之美是大董意境菜创新遵循的原则，菜品的具体改造方法如下。

1. 包装　包装就是在不改变或者基本不改变菜品风味标准的前提下，运用新的呈现方式表现菜品的一种方法。这是大董意境菜中运用较多的一种方法。

2. 替换　替换基本上是使用其他菜系或者国外原料替换菜品主料、辅料、调料三者之一，而不改变菜品调味的一种方法。

3. 借用　借用就是根据使用的原料的特性进行烹调，并借用已有菜品进行命名的一种方法。

4. 混搭　混搭就是不分菜系，不分中外，主料、调料都进行替换的一种方法。

5. 拆分　拆分就是将五人量或十人量拆分为位吃，并重新设计装盘的一种方法。

6. 创新　创新就是运用新工艺、新调味、新原料，烹制的新菜品。这是最难的一种方法。

7. 添加　添加就是不改变菜品的主料、配料，而不断完善菜品风味，使其个性更加突出，性状更加完美的一种方法。

8. 组合　组合就是运用成熟的工艺、调味、烹制等方法组合成新的菜品的一种方法。

9. 精致　精致是使原来粗糙、侉大的菜品精细成小巧、精致的菜品。

10. 效果　效果就是为了突出菜品的某一特点，夸张地运用一些技法的方法。

11. 移栽　移栽就是直接将西餐、日餐、东南亚餐中的经典菜肴和糕点与中餐宴席菜点在口味、质感、色彩上进行巧妙搭配的方法。

12. 嫁接　嫁接就是将西餐、日餐、东南亚餐的典型烹调方法运用于中餐食材，从而丰富菜点品种，体现多元文化，满足不同类型客人对美食的需求。

大董意境菜展示

（四）大董小寒宴菜单

大董小寒宴菜单如下所示。

小寒宴

风味人间 · 大董味道

Banquet in Gentle Winter Chill

春雨惊春清谷天 夏满芒夏暑相连
秋处露秋寒霜降 冬雪雪冬小大寒

四干果 · 内蒙古五原县南瓜籽 · 巴彦淖尔瓜子仁 · 开心果 · 桃仁
四鲜果 · 阳光玫瑰葡萄 · 小金橘 · 圣女果 · 红心柚子
四蜜饯 · 黄桃干 · 四川达县乌梅 · 葡萄干 · 山东沂蒙樱桃
四小点 · 玫瑰糕 · 栗子糕 · 红豆糕 · 抹茶糕

前调 · 前菜

大牡丹黄鱼生　　兰桡画舸转花塘　水映风摇路渐香

卤水小鹅掌
Brine Marinated Goose Webs　　念去去　千里烟波　暮霭沉沉楚天阔

糖醋九肚鱼
Sweet and Sour Bombay Duck　　红绿修岸容　冰雪净空界

酯油汁生芹菜

炝拌笋衣

姜汁黄溏心松花蛋
Golden Century Eggs with Ginger Jus　　剪翠妆红欲就　折得清香满袖

悠韵 · 汤

今冬头水紫菜

青华 · 招牌主菜

李鸿章臭鳜鱼汁
蓝纹芝士焗长海2头鲜鲍　　爱惜芳时　莫待无花空折枝
Braised Changhai Abalone with Li Hongzhang Smelly Mandarin Fish Sauce and Blue Cheese

浅唱 · 小品
金橘波沙米克石榴醋爆珠　　玉颗珊珊下月轮　殿前拾得露华新
Petite Platter · Kumquat with Molecular Balsamic Pomegranate Vinegar Jelly Beads

董氏葱烧海参　　横眉群山千秋雪　笑吟长空万里风
DaDong Braised Sea Cucumber with Scallions

浅唱 · 小品 · 一窝卵卵　　云横远渚岫重重　野花犹向洞边红
Petite Platter · Nest of Dried Silver Fish with Caviar

行吟 · 主菜

山楂焦糖鹿肝　　疏雨洗天清　枕簟凉生　井桐一叶做秋声

梅菜烧咸肉

芫爆肚丝　　绯黄紫绿献态度　红浓淡淡数条枝
Braised Pork Curled Intestines

雪菜烧笋尖　　一叶叶　一声声　空阶滴到明
Sauteed Bamboo Shoot with Potherb Mustard

黑椒枧虾籽小菜心　　天尽头　何处有香丘

幽香 · 主食

香茅草烤大董22天
酥不腻小维鸭配卡露伽鱼子　　风荷百顷占连漪　烟树深桑乳鸭飞
DaDong "SuBuNi" (Crispy Non-fatty) Roast Suckling Duck Smoked with Lemon Grass

烟熏牛肉酸菜龙须贡面　　疏影横斜水清浅　暗香浮动月黄昏
Smoked Beef Short Ribs and Sauerkraut Noodles

终曲 · 甜品

手磨杏汁燕窝舒芙蕾

泪眼问花花不语　乱红飞过秋千去

一串串糖葫芦
Beijing's Traditional Candied Fruits on Skewers

姜汁黄溏心松花蛋

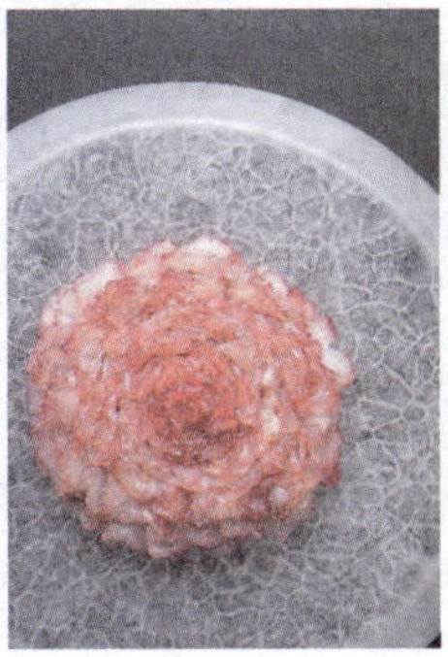

大牡丹黄鱼生

今冬头水紫菜

香茅草烤大董22天酥不腻小雏鸭配卡露伽鱼子

李鸿章臭鳜鱼汁蓝纹芝士焗长海2头鲜鲍

梅菜烧咸肉

炝拌笋衣

山楂焦糖肥肝

手磨杏汁燕窝舒芙蕾

烟熏牛肉酸菜龙须贡面

糖醋九肚鱼

雪菜烧笋尖

芫爆肚丝

一串串糖葫芦

一窝卵卵

董氏葱烧海参

金橘波沙米克石榴醋爆珠

卤水小鹅掌

醋油汁生芹菜

黑橄榄虾籽小菜心

Note

三、制订实训计划

根据实训项目内容和要求，讨论并填写综合实训任务计划书（参考立春宴席综合实训内容填写）。

酒店中餐厅工作分配

餐厅服务人员岗位职责

进入工作准备

一、宴会服务准备

（一）了解开餐前餐厅服务准备工作流程

掌握客人信息及要求→餐具、用具准备→宴会摆台和布置→环境卫生与整理→工作台摆放饮料及服务用具→准备菜单→准备迎宾

（二）填写宴会服务准备任务单

参考立春宴席综合实训内容填写。

二、厨房工作准备

（一）了解厨房工作流程

开档→完成菜肴加工组配→完成菜肴半成品加工→完成菜肴烹制→成品装盘与整理→收档

（二）填写厨房准备工作页及自查表

参考立春宴席综合实训内容填写。

（三）填写菜肴原料准备工作页

参考立春宴席综合实训内容填写。

制作与服务

一、了解厨房制作与餐台服务工作衔接程序

信息沟通→餐前检查→接单确认→菜肴烹调→装盘检查→划单传菜

Note

（一）出菜服务

为避免发生事故，很多厨房分设进出两扇门，服务员在出菜时应遵守规则。出菜时要注意以下几点。

（1）核对菜肴，不要错拿其他客人的菜肴。

（2）注意出菜摆盘要精致，点缀要美观。

（3）怀疑菜肴有差错，自己又无法确定时，应请教厨师长。

（4）将菜盘平衡地摆到托盘上，端送到餐厅。

（5）行走时要注意保持平衡，留心周围情况，以免发生意外。

师傅点拨

服务员在递交订单时，应当注意以下几点。

（1）遵守秩序，有特殊情况及时与厨师长沟通，不得偷偷向前移动次序。

（2）订单上的特别要求应与厨师长解释清楚。

（3）要与厨师紧密协作，不大声喊叫，互相尊重，发扬团队精神。

（4）不得借故在厨房停留或与厨师聊天。

（二）填写中餐厨房划单传菜工作页——跟单指挥与划单传菜

参考立春宴席综合实训内容填写。

二、填写菜肴制作工作页

每道菜点填写 1 份（参考立春宴席综合实训内容填写）。

师傅点拨

怎样做一个合格的冷菜厨师

技法园地——锅塌、煎、烹

锅塌菜，精选料，鲜嫩软脆最重要；可造型，或瓤馅，拍粉脱蛋不能变；

煎主料，控油温，一直煎到两面金；入高汤，加翻转，口味咸鲜不勾芡。

烹制菜，味香浓，咸甜香辣见真功；可挂糊，或清炸，外酥里嫩多复炸；

烹汤汁，用猛火，快速出菜不啰唆；葱姜蒜，要多施，成品不见芡和汁。

三、宴席餐中服务

（一）了解宴席服务流程

站立迎宾→接挂衣帽→拉椅让座→询问茶水→打开口布→撤筷套→斟倒茶水→通知起菜→酒水服务→上菜服务→检查并送客

（二）填写宴席餐中服务工作页

参考立春宴席综合实训内容填写。

四、收档及整理

完成餐厅整理工作任务→完成厨房收档工作任务→填写收档工作页及自查表（参考立春宴席综合实训内容填写）

关于产品储藏的规范要求

组织实训评价

一、宾客满意度评价

参考立春宴席综合实训内容进行。

拓展练习

二、综合实训评价

参考立春宴席综合实训内容进行。

模块三

中餐主题宴席综合实训

一、模块学习内容

本模块以真实寿宴、婚宴、商务宴、红船宴四个主题宴席风味菜肴生产任务为载体，通过中餐厨房、餐厅服务综合实训，多岗位沟通协作，以实际工作标准和流程为参照，让学生运用已经掌握的工作岗位相关理论知识、专业技能及已积累的工作经验，协调配合完成菜单菜肴的设计、命名、加工、组配、烹制及传菜、餐厅服务等工作任务；学习寿宴、婚宴、商务宴、红船宴四个主题宴席的文化、名宴名菜、宴席菜肴组配、菜肴制作的相关烹饪技法及宴会服务流程、宴会服务规范与服务礼仪，提升学生的综合职业能力。通过计划书、工作页、工作评价的设计与运用，引导学生用发展的眼光看待周围的一切，学会系统思考，统筹兼顾，并且对学生已经完成的工作进行及时反馈和检验。本模块知识链接丰富，趣味性强，渗透烹饪文化，有效融入课程思政。

二、模块组成

项目九　寿宴综合实训

项目十　婚宴综合实训

项目十一　商务宴综合实训

项目十二　红船宴综合实训

三、模块学习要求

1. 了解寿宴、婚宴、商务宴、红船宴四个主题宴席文化及仪式流程。

2. 运用中餐菜肴命名知识对寿宴、婚宴、商务宴、红船宴四个主题宴席的菜单进行设计，并对菜肴命名。

3. 后厨与前厅服务岗位熟练配合，能够在规定时间内，熟练运用卤、炝、卷、汽锅蒸、葱烧、焦熘、砂锅炖、烤等烹饪技法，按照寿宴、婚宴、商务宴、红船宴四个主题宴席菜单制作流程，完成宴席中冷菜、热菜、面点的制作与传菜任务。

4. 运用中餐宴席摆台和服务知识完成主题宴席摆台及待客服务。

5. 在实践中感悟寿宴、婚宴、商务宴、红船宴等主题宴席饮食文化，在菜肴制作和服务实践中体验团队合作、精益求精的精神及真实的工作过程。

项目九 寿宴综合实训

综合实训目标

1. 了解中国寿宴文化及寿宴仪式流程。

2. 运用中餐菜肴命名知识设计寿宴菜单，并命名菜肴。

3. 后厨与前厅服务岗位熟练配合，熟练运用卤、炝、卷、葱烧、焦熘、砂锅炖、包卷炸等烹饪技法，按照寿宴菜单制作流程完成寿宴冷菜、热菜、面点的制作与传菜任务。

4. 运用中餐摆台和服务知识完成寿宴摆台及待客服务。

5. 在实践中感悟中国寿宴饮食文化，在菜肴制作和服务实践中体验团队合作、精益求精的精神及真实的工作过程。

明确实训任务

北京某饭店承办了一单六桌，共 60 人的寿宴，寿星 88 岁，称为“米寿”。经前台推荐，客人选定了“一工艺冷盘四围碟八热两面点一果盘”的菜单，并预订周六中午开席。请餐饮服务团队在规定时间内完成准备、制作等服务，为客人献上一台气氛祥和的寿宴，具体菜单如下。

冷菜	松鹤延年——工艺冷盘 代代有福——罗汉肚 幸福如意——干豆腐卷	喜庆满堂——丰收拌菜 花开富贵——炝鱿鱼花
热菜	富贵吉祥——清炖鸡孚 鱼跃龙门——糖醋鲤鱼 四世同堂——砂锅全家福 其乐融融——鸡蓉菜心	福寿绵长——葱烧海参 恭喜发财——炸佛手 蒸蒸日上——鱼滑蒸豆腐
汤	圆圆满满——清汆鱼圆	
面点	长寿面——老北京打卤面 祝寿安康——桂汁山药寿桃	
果盘	生日果盘	

本项目教学课件

视频：喜庆满堂——丰收拌菜

视频：代代有福——罗汉肚

视频：花开富贵——炝鱿鱼花

视频：幸福如意——干豆腐卷

视频：福寿绵长——葱烧海参

视频：鱼跃龙门——糖醋鲤鱼

视频：圆圆满满——清汆鱼圆

制订工作方案

一、分析任务

填写任务分析单。

宴席类型	就餐人数	客源地区	客人需求	就餐场所	清真	回头客
中型寿宴	60人	北京	软嫩清淡	包间	□是 ☑否	□是 ☑否
客人年龄段	☑老年 ☑成年 ☑未成年					
菜肴名称	技法、口味、口感要求					菜肴成本
丰收拌菜	运用炝、拌技法；口味要求咸鲜微酸；口感脆嫩					
罗汉肚	运用卤、紧压造型技法；口味要求五香味浓；口感鲜香脆嫩					
炝鱿鱼花	运用炝、拌技法；口味要求咸鲜；口感滑嫩					
干豆腐卷	运用煮、卷、紧压造型技法；口味要求咸香；口感软嫩筋道					
清炖鸡孚	运用隔水炖技法；口味要求咸鲜；口感滑嫩					
葱烧海参	运用葱烧技法；口味要求葱香浓郁，咸鲜回甘；口感软嫩入味					
糖醋鲤鱼	运用焦熘技法；口味要求咸鲜酸甜；口感外焦里嫩					
炸佛手	运用包卷炸技法；口味要求咸鲜；口感外酥里嫩					
砂锅全家福	运用砂锅炖技法；口味要求咸鲜；口感软嫩入味					
鱼滑蒸豆腐	运用清蒸技法；口味要求咸鲜；口感滑嫩					
鸡蓉菜心	运用瓤、蒸技法；口味要求咸鲜；口感软嫩入味					
清氽鱼圆	运用清氽技法；口味要求咸鲜；口感软嫩					
老北京打卤面	运用烩、煮技法；口味要求咸鲜；面条口感滑嫩筋道					
桂汁山药寿桃	运用蒸技法；口味要求鲜甜；口感松软					
生日果盘	运用果盘切削技法；口味鲜甜；口感脆嫩					
新技能需求					总计	

二、知识技能准备

（一）主题宴会的含义

主题宴会是围绕宴会的主题，从环境布置、服务员着装、餐台设计、餐具用具选用、菜单等方面精心设计的宴会。

随着人们精神文明的提升，对用餐的需求不再局限于环境、菜肴、服务，更希望享受有文化、有内涵的宴会。个性化需求也越来越突出，都希望自己的宴会与众不同，有吸引眼球的亮点，有让人记忆深刻的东西。

主题宴会分类可分为中餐主题宴会、西餐主题宴会、中西合并主题宴会或生日主题宴会、婚礼主题宴会、升学主题宴会、升职主题宴会等。

（二）寿宴

1. 寿宴文化形成　古今中外，皆有为老人祝寿的传统，风俗因地而异，但都会大宴宾客，称为寿宴。

中华民族历史悠久，敬老孝亲文化源远流长，祝寿则是其中典型的礼仪和传统习俗。

在西周，统治者主张敬天、孝祖、敬德、保民，重视尊老敬贤的教育。“五十杖于家，六十杖于乡，七十杖于国，八十杖于朝，九十者，天子欲有问焉，则就其室以珍从。”（《礼记・王制》）“杖”指老年人拄的手杖，拄着手杖的老年人是受尊敬的。杖于家、乡、国、朝，是指随着年龄的增长，应该逐步受到更大范围人们的尊敬。周代不仅推崇尊老敬贤的道德风尚，还会定期举行养老礼仪。周代的养老礼仪包括朝廷和地方两个层面。在朝廷，统治者一般都要定期视察学校，亲行养老之礼，在太学设宴款待三老、五更及群老，以示恩宠礼遇。在地方，则每年定期举行乡饮酒礼，六十岁以上的老年人享有特殊的礼遇。

正是由于西周统治者崇孝敬老，延续到春秋战国时期，在崇孝敬老方面，已经形成了比较完整的伦理道德观念和行为规范。孝作为华夏民族传统的道德观念，经孔孟儒学的完善，历代帝王的提倡，已经深入民心。

60年一个甲子，人活到60岁，称为花甲之年，就算进入老年了。此时儿女大多已成家立业，也开始以祝寿方式为老年人庆祝生日。祝寿自然离不开寿宴，千百年来，中华民族已形成了多种不同的寿宴文化与民俗风情。

民间有“不到花甲不庆寿”之说，但是，不知何时形成了提前一年祝寿的习俗，即59岁做60岁大寿，69岁做70岁大寿，80岁、90岁、100岁都是如此。现在祝寿，因接受外来风俗习惯，有做88岁寿的，称为“米寿”；有做99岁寿者，谓之“白寿”，意百仅缺一也。但旧时风俗，百岁老年人往往自谦，不言百岁，而只言99，取“九十九，活不够”之意。

寿，可祝可贺不可滥。寿宴，不在于豪华与奢侈，而在于让老年人高兴，所以寿宴重在祝福，重在孝心。

2. 经典寿宴介绍

（1）清代万寿宴。

万寿宴是清代统治者的寿宴，也是内廷的大宴之一。后妃王公、文武百官，无不以进寿献寿礼为荣，其间名食美馔不可胜数。如遇大寿，则庆典更为隆重盛大，系派专人专司。衣物首饰，装潢陈设，乐舞宴饮一应俱全。光绪二十年十月初十日（1894年11月7日）慈禧六十大寿，寿日前月余，宴席即已开始。

仅江西烧造的绘有万寿无疆字样和吉祥喜庆图案的釉彩碗、碟、盘等瓷器，就有 29170 余件。整个庆典耗费白银近一千万两，在中国历史上是空前的。

万寿宴菜单如下。

丽人献茗：庐山云雾。

乾果四品：奶白枣宝、双色软糖、糖炒大扁、可可桃仁。

蜜饯四品：蜜饯菠萝、蜜饯红果、蜜饯葡萄、蜜饯荸荠。

饽饽四品：金糕卷、小豆糕、莲子糕、豌豆黄。

酱菜四品：桂花辣酱芥、紫香乾、什香菜、虾油黄瓜。

攒盒一品：龙凤描金攒盒龙盘柱，随上五香酱鸡、盐水里脊、红油鸭子、麻辣口条、桂花酱鸡、番茄荸荠、油焖草菇、椒油银耳。

前菜四品："万"字珊瑚白、"寿"字五香大虾、"无"字盐水牛肉、"疆"字红油百叶。

膳汤一品：长春鹿鞭汤。

御菜四品：玉掌献寿、明珠豆腐、首乌鸡丁、百花鸭舌。

饽饽二品：长寿龙须面、百寿桃。

御菜四品：参芪炖白凤、龙抱凤蛋、父子同欢、山珍大叶芹。

饽饽二品：长春卷、菊花佛手酥。

御菜四品：金腿烧圆鱼、巧手烧雁鸢、桃仁山鸡丁、蟹肉双笋丝。

饽饽二品：人参果、核桃酪。

御菜四品：松树猴头蘑、墨鱼羹、荷叶鸡、牛柳炒白蘑。

烧烤二品：挂炉沙板鸡、麻仁鹿肉串。

膳粥一品：稀珍黑米粥。

水果一品：应时水果拼盘。

告别香茗一品：茉莉雀舌毫。

（2）现代餐饮寿宴菜单举例如下。

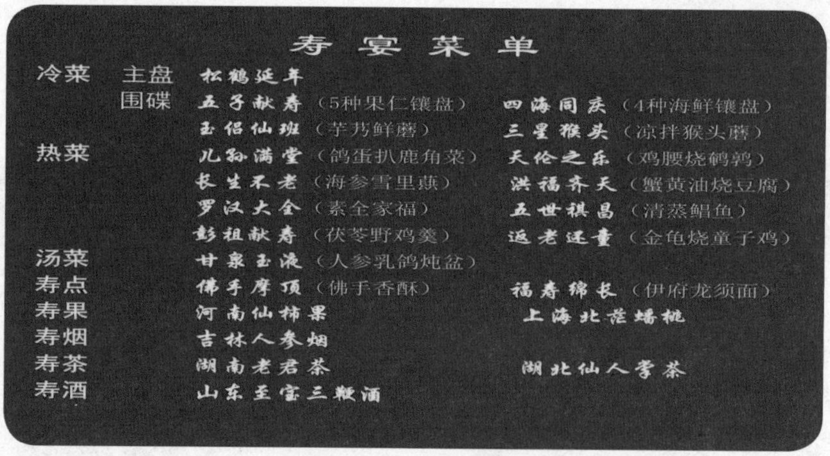

寿 宴 菜 单

冷菜	主盘	松鹤延年	
	围碟	五子献寿（5种果仁镶盘）	四海同庆（4种海鲜镶盘）
		玉侣仙班（芋艿鲜蘑）	三星猴头（凉拌猴头蘑）
热菜		儿孙满堂（鸽蛋扒鹿角菜）	天伦之乐（鸡腰烧鹌鹑）
		长生不老（海参雪里蕻）	洪福齐天（蟹黄油烧豆腐）
		罗汉大全（素全家福）	五世祺昌（清蒸鲳鱼）
		彭祖献寿（茯苓野鸡羹）	返老还童（金龟烧童子鸡）
汤菜		甘泉玉液（人参乳鸽炖盆）	
寿点		佛手摩顶（佛手香酥）	福寿绵长（伊府龙须面）
寿果		河南仙柿果	上海北蔡蟠桃
寿烟		吉林人参烟	
寿茶		湖南老君茶	湖北仙人掌茶
寿酒		山东至宝三鞭酒	

生日宴菜单设计的方法流程

（三）中餐寿宴流程（示例）

1. 寿宴会场布置

（1）大厅金碧辉煌，餐桌上铺红色台布，中间摆放葱绿鲜艳的美丽植物，周围张灯结彩，红灯笼点缀在其间，显示寿堂的喜庆热烈气氛。

（2）墙壁上贴着由儿女、子孙亲自写在红纸上的寿字图案，或张贴大型松柏、仙鹤祝寿图，突出主题。

（3）写一副寿联，如“天增岁月人增寿，春满乾坤福满门”，寿联簇拥着大大的红色“寿”字。“寿”字下有两张寿星椅，左右两端各摆放一大一小两张礼案（即方桌），礼案上摆放福、寿、禄三星和鲜寿桃等祝寿物品。

（4）寿堂下面列有四个装有无数小气球的大气球和扎有红色彩带的大礼包，用来放置儿女、子孙给寿星贺寿的礼物。

（5）播放背景音乐，如祝寿歌等。

2. 拜寿仪式

（1）首先请寿星的子女献祝寿词。

（2）请寿星的儿子、儿媳、孙子上堂拜寿。

一拜，祝寿星福如东海、寿比南山；

二拜，祝寿星日月昌明、松鹤长春；

三拜，祝寿星笑口常开、天伦永享。

（3）请寿星的女儿、女婿、外孙上堂拜寿。

一拜，祝寿星身体健康、长命百岁；

二拜，祝寿星万事如意、晚年幸福；

三拜，祝寿星生日快乐、后福无疆。

（4）请寿星的朋友、亲戚上堂拜寿。

一拜，祝寿星寿比天高、福比海深；

二拜，祝寿星日月同辉、春秋不老；

三拜，祝寿星生日快乐、福星高照。

（5）请寿星的朋友、亲戚献寿词。

（6）请寿星为子女、朋友、亲戚回赠祝愿词。

（7）主持人：喜看儿女堂前站，只愿家风代代传。让我们一起举起酒杯，唱起生日祝福歌曲，共同祝愿寿星增福增寿增富贵，添光添彩添吉祥。一家人欢聚一堂，共享天伦之乐，共创美好未来。

（8）摄影师为寿星一家照全家福。

（9）请寿星吹生日蜡烛，分蛋糕（奏生日歌曲）。

（10）主持人：宴席正式开始，祝家人和来宾们用餐愉快。

3. 中餐主题宴会的注意事项

（1）餐厅要根据宴会主办人的要求，预先拟订计划，对宴会进行安排。

（2）要对宴会环境进行精心设计，如宴会的花卉等。同时为了突出中餐主题宴会热烈、隆重、高雅、华丽、考究的特点，还要考虑宴会环境布置中重点使用的颜色等。

（3）要注意欢迎仪式等相关礼节。

（4）菜肴有规定的数量和质量标准。

（5）宴会，特别是高档宴会，必须提前预订。

生日宴台面设计原则

生日宴台面设计基本要求

（四）西式寿宴案例

1. 寿宴会场布置 西式寿宴会场以白色、金色为主色调。白色代表纯洁，金色代表雍容华贵。金色的围布，白色的台面，台面上点缀透明玻璃花瓶的花插，花瓶以小的圆形状为主，花以长寿花、龟背竹、南天竹为主。点燃“寿”字蜡烛，使会场气氛典雅，又不失浪漫。鲜花作为搭配，烘托美好的气氛。建议：可以搭配一些彩色的气球，利用静电粘贴在柱子或者房屋顶，寓意放飞希望、放飞美好，也可以租泡泡机制造泡泡，营造欢乐的气氛。

2. 祝寿仪式 仪式开始前，由主持人宣布播放寿星的儿孙为寿星准备的钢琴曲，如《给母亲的信》或者贝多芬热情洋溢的F大调第五小提琴鸣奏曲《春天》。西式寿宴要求来宾着正装出席，以示尊重。

3. 宴会布局 宴会布局原则及平面图如下。

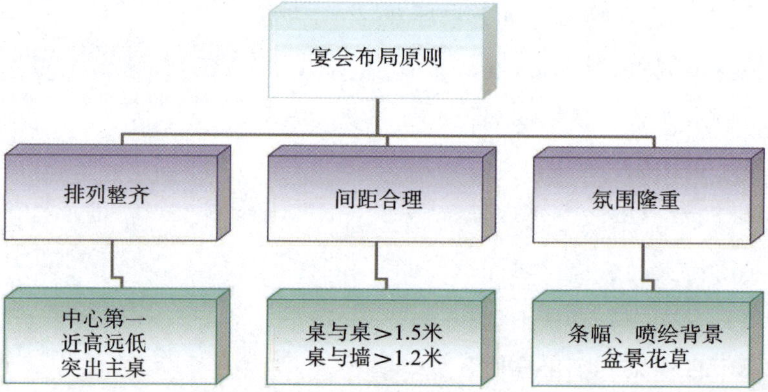

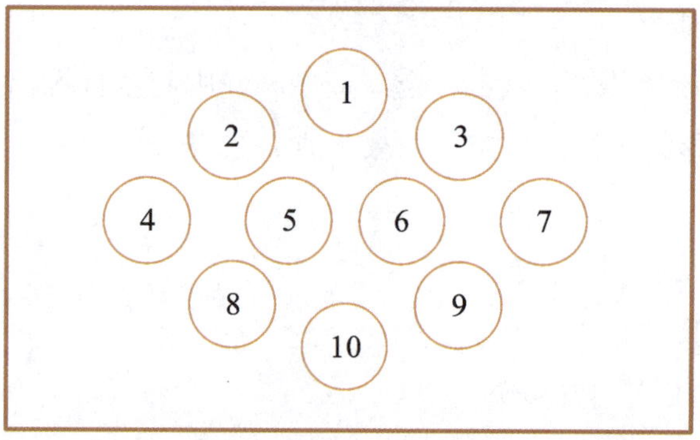

三、讨论并填写综合实训任务计划书

<table>
<tr><td>实训项目</td><td colspan="3">寿宴综合实训</td><td>宴会开餐时间</td><td></td></tr>
<tr><td>实训班级</td><td colspan="3"></td><td>指导教师</td><td></td></tr>
<tr><td>实训任务</td><td colspan="5"></td></tr>
<tr><td>实训地点</td><td colspan="5">□冷菜厨房　□热菜厨房　□面点厨房　□宴会餐厅</td></tr>
<tr><td>实训岗位</td><td colspan="5">水台、砧板、打荷、上杂、炒锅、冷菜、面点、接待、餐台服务</td></tr>
<tr><td rowspan="7">实训组织</td><td>人员分工</td><td>姓名</td><td>人数</td><td colspan="2">主要任务</td></tr>
<tr><td>总负责人</td><td></td><td></td><td colspan="2"></td></tr>
<tr><td>冷菜组</td><td></td><td></td><td colspan="2"></td></tr>
<tr><td>热菜一组</td><td></td><td></td><td colspan="2"></td></tr>
<tr><td>热菜二组</td><td></td><td></td><td colspan="2"></td></tr>
<tr><td>面点组</td><td></td><td></td><td colspan="2"></td></tr>
<tr><td>服务组</td><td></td><td></td><td colspan="2"></td></tr>
<tr><td rowspan="7">实训步骤
及内容</td><td>实训步骤</td><td colspan="3">工作内容</td><td>学时分配</td></tr>
<tr><td>第一步</td><td colspan="3">布置任务：</td><td></td></tr>
<tr><td>第二步</td><td colspan="3">制订计划：</td><td></td></tr>
<tr><td>第三步</td><td colspan="3">工作准备：</td><td></td></tr>
<tr><td>第四步</td><td colspan="3">任务实施：</td><td></td></tr>
<tr><td>第五步</td><td colspan="3">实训评价：</td><td></td></tr>
<tr><td>第六步</td><td colspan="3">总结反思：</td><td></td></tr>
<tr><td>批准实施</td><td colspan="5">总厨建议：
经审核，实训计划可行，同意按本计划实施。
签字：</td></tr>
</table>

进入工作准备

一、宴会服务准备

（一）了解开餐前餐厅服务准备工作流程

掌握客人信息及要求→餐具、用具准备→宴会摆台和布置→环境卫生与整理→工作台摆放饮料及服务用具→准备菜单→准备迎宾

酒店餐具管理

（二）填写宴会服务准备任务单

实训项目	寿宴综合实训	工作评价	
工作任务	宴会服务准备细则		
	准备工作流程	检查及评价	
		完整准确	不完整
	1. 了解客人需求		
	2. 个人卫生及形象应符合标准		
	3. 准备餐具		
	4. 环境布置与摆台，做到合理、整洁、温馨		
	5. 熟悉菜单和菜肴特色		
反思	遇到的问题及解决办法：		

二、厨房工作准备

（一）了解厨房工作流程

开档→完成菜肴加工组配→完成菜肴半成品加工→完成菜肴烹制→成品装盘与整理→收档

火候

（二）填写厨房准备工作页及自查表

实训项目	寿宴综合实训	自检及评价	
工作过程	冷菜厨房设备用具准备（实训人填写）	规范	欠规范
	检查设备：		
	备齐用具：		
	热菜厨房设备用具准备（实训人填写）	规范	欠规范
	检查炉灶设备：		
	检查炉灶用具：		
	炉灶试火、试水安全通畅：		
	调料用具：		
	面点厨房设备用具准备（实训人填写）	规范	欠规范
	检查设备：		

续表

实训项目	寿宴综合实训	自检及评价	
	备齐用具：		
	安全卫生（实训人填写）	规范	欠规范
	重视安全与卫生：		
	规范垃圾分类与处理：		
反思	所有规范要求是否做到？如有遗漏，请分析原因：		

检查人：　　　时间：

（三）填写菜肴原料准备工作页

实训项目	寿宴综合实训		工作评价	
工作过程	菜肴名称	冷菜原料准备	齐全、规范	欠规范
	冷菜 1	主料		
		配料		
		调料		
		过程		
	冷菜 2	主料		
		配料		
		调料		
		过程		
	冷菜 3	主料		
		配料		
		调料		
		过程		
	冷菜 4	主料		
		配料		
		调料		
		过程		

续表

实训项目	寿宴综合实训		工作评价	
工作过程	菜肴名称	热菜原料准备	齐全、规范	欠规范
	热菜 1	主料		
		配料		
		调料		
		过程		
	热菜 2	主料		
		配料		
		调料		
		过程		
	热菜 3	主料		
		配料		
		调料		
		过程		
	热菜 4	主料		
		配料		
		调料		
		过程		
	热菜 5	主料		
		配料		
		调料		
		过程		
	热菜 6	主料		
		配料		
		调料		
		过程		
	热菜 7	主料		
		配料		
		调料		
		过程		

续表

实训项目	寿宴综合实训		工作评价	
工作过程	热菜 8	主料		
		配料		
		调料		
		过程		
	菜肴名称	面点原料准备	齐全、规范	欠规范
	面点 1	主料		
		配料		
		调料		
		过程		
	面点 2	主料		
		配料		
		调料		
		过程		
反思				

检查人：　　时间：

制作与服务

一、了解厨房制作与餐台服务工作衔接程序

信息沟通→餐前检查→接单确认→菜肴烹制→装盘检查→划单传菜

师傅点拨

服务不当也会引起菜肴成本的增加，主要表现为以下几点。

（1）服务人员在填写菜单时没有核实宾客所点菜品，以致上菜时宾客说没有点该菜。

（2）服务人员偷吃而造成菜肴分量不足，引起宾客投诉。

（3）服务人员在传菜或上菜时打翻菜盘、汤盆。

（4）传菜差错，如传菜员将 1 号桌宾客所点菜品错上给 2 号桌，而 2 号桌宾客又没说明。

为避免上述现象，必须加强对服务人员的职业道德教育，并进行经常性的业务技术培训，使服务人员端正服务态度，树立良好的服务意识，提高服务技能，并严格按规程为宾客服务，不出或少出差错，尽量降低菜肴成本。

（一）填写中餐厨房划单传菜工作页——跟单指挥与划单传菜

序号	项目	时间节点	操作内容	工作评价	
				齐全规范	欠规范
1	准备用具		（1）		
			（2）		
			（3）		
2	准备调料		（1）		
			（2）		
			（3）		
3	卫生整理		（1）		
			（2）		
4	了解订餐情况并传递相关信息		（1）		
			（2）		
			（3）		
			（4）		
5	开餐前的检查		（1）		
			（2）		
			（3）		
6	岗前站立		（1）		
			（2）		
7	传递点菜单		（1）		
			（2）		
			（3）		
			（4）		
			（5）		

续表

序号	项目	时间节点	操作内容	工作评价	
				齐全规范	欠规范
8	控制上菜节奏		（1）		
			（2）		
			（3）		
			（4）		
			（5）		
			（6）		
9	确认菜品		（1）		
			（2）		
			（3）		
			（4）		
10	出菜		（1）		
			（2）		
			（3）		
11	撤单		（1）		
			（2）		

（二）填写划单传菜岗位退菜、换菜、催菜操作程序

序号	工作内容	操作内容
1	退菜处理	（1） （2）
2	换菜处理	（1） （2）
3	催菜处理	（1） （2） （3）

二、填写菜肴制作工作页

<table>
<tr><td>实训项目</td><td colspan="2">寿宴综合实训</td><td>宴会开餐时间</td><td></td></tr>
<tr><td>本人任务</td><td colspan="4">工作岗位：菜肴烹制</td></tr>
<tr><td rowspan="2">实训地点</td><td colspan="2" rowspan="2">□冷菜厨房 □热菜厨房 □面点厨房 □宴会餐厅</td><td colspan="2">自检评价</td></tr>
<tr><td>齐全规范</td><td>欠规范</td></tr>
<tr><td rowspan="6">操作步骤</td><td>1</td><td>水台：</td><td></td><td></td></tr>
<tr><td>2</td><td>砧板：</td><td></td><td></td></tr>
<tr><td>3</td><td>组配：</td><td></td><td></td></tr>
<tr><td>4</td><td>烹制菜肴：
（1）
（2）
（3）</td><td></td><td></td></tr>
<tr><td>5</td><td>监督打荷：</td><td></td><td></td></tr>
<tr><td>6</td><td>提醒打荷传菜：</td><td></td><td></td></tr>
<tr><td>完成情况</td><td colspan="4"></td></tr>
<tr><td>反思改进</td><td colspan="4">1. 列出工艺关键：

2. 找出不足，提出改进措施：</td></tr>
</table>

师傅点拨

技法园地——熘

软熘法，勤练习，原料多用蓉和泥；腌入味，预制熟，卤汁调制滋味足；技术高，用推炒，晃锅打芡要记牢；油要净，火要慢，控制油温最关键。

滑熘菜，浆上遍，滑油放入锅中芡；不粘锅，有办法，热锅温油滑一滑；爆料头，配料精，成菜好吃又有型；植物油，靠葱姜，菜品去腥又提香。

焦熘法，要记牢，造型菜肴多用到；选料广，质地鲜，加工成型条块片；挂糊炸，口酥脆，油温火候要用对；糖醋汁，要调好，葱姜蒜料不能少。

三、宴席餐中服务

（一）了解宴席服务流程

站立迎宾→接挂衣帽→拉椅让座→询问茶水→打开口布→撤筷套→斟倒茶水→通知起菜→酒水服务→上菜服务→检查并送客

全国名菜名宴

（二）填写宴席餐中服务工作页

<table>
<tr><td>实训项目</td><td colspan="2">寿宴综合实训</td><td>宴会开餐时间</td><td></td></tr>
<tr><td>本人任务</td><td colspan="4">□迎接客人 □ 照顾入席（座） □茶水服务 □餐巾（含小毛巾）服务
□上菜服务（含分菜） □介绍菜肴特色 □征求意见，礼宾送客</td></tr>
<tr><td rowspan="2">实训地点</td><td colspan="2" rowspan="2">宴会餐厅</td><td colspan="2">自检评价</td></tr>
<tr><td>齐全规范</td><td>欠规范</td></tr>
<tr><td rowspan="7">服务步骤
（填写任务、规范、标准）</td><td>1</td><td>迎接客人</td><td></td><td></td></tr>
<tr><td>2</td><td>照顾入席（座）</td><td></td><td></td></tr>
<tr><td>3</td><td>茶水服务</td><td></td><td></td></tr>
<tr><td>4</td><td>餐巾（含小毛巾）服务</td><td></td><td></td></tr>
<tr><td>5</td><td>上菜服务（含分菜）</td><td></td><td></td></tr>
<tr><td>6</td><td>介绍菜肴特色</td><td></td><td></td></tr>
<tr><td>7</td><td>征求意见，礼宾送客</td><td></td><td></td></tr>
<tr><td>完成情况</td><td colspan="4">自查情况、监督员质量监督情况：</td></tr>
<tr><td>反思改进</td><td colspan="4">服务难点、服务技巧、不足改进：</td></tr>
</table>

1. 服务过程中和宾客交流时

（1）注意和宾客之间的目光交流。

（2）和宾客说话或为宾客介绍菜肴时要注意说话节奏，不能太快。

（3）报菜名或谈话时，声音大小适中，不能有气无力。

（4）交流中要避免面部表情呆板、冷淡、没笑容。

（5）说话语句不能生硬、沉闷。

（6）不能与宾客争辩、理论。

（7）与远距离的宾客打招呼，只能用目光示意、点头或用简单手势，不得大声呼叫。

2. 当用餐宾客催菜时

（1）向宾客表示歉意。

（2）立即向厨房催菜，并告知宾客会尽快上菜。

（3）若菜肴制作时间比较长，应主动告知宾客需要等候的时间。

（4）上菜时再次向宾客表示歉意。

3. 当进行茶水服务时

（1）宾客入座后即提供茶水服务。

（2）询问宾客所需茶叶品种，迅速用茶壶备茶。

（3）按照先宾后主顺序为宾客斟茶，至七八成满即可。

（4）斟茶时不得将茶杯从桌上拿起，手不得接触杯口。

（5）随时观察，及时为宾客续茶。

4. 当上蟹、虾、贝壳等海鲜时 应该先核单，查看只数、分量、公母、吃法等，挪好位置，先上调料、洗手盅，再上菜，然后上公勺，报菜名，并做介绍。

5. 分菜工具 分勺、刀、叉。

四、收档及整理

（一）餐厅整理工作任务

参考鲁菜风味家宴综合实训内容。

（二）厨房收档工作任务

参考鲁菜风味家宴综合实训内容。

（三）填写收档工作页及自查表

实训项目	寿宴综合实训	工作评价	
收档工作记录	冷菜收档	规范	欠规范
	热菜收档	规范	欠规范
	面点收档	规范	欠规范
	宴会服务收档	规范	欠规范
反思			

检查人：　　　时间：

组织实训评价

一、宾客满意度评价

评价内容	非常满意（10分）	满意（8分）	一般（6分）	有待改进（4分）
厨房服务（请宾客分项打“√”并提出宝贵建议）				
菜肴味道				
菜肴色泽				
菜肴外形				
菜肴口感				
菜肴卫生				

续表

评价内容	非常满意（10分）	满意（8分）	一般（6分）	有待改进（4分）
餐厅服务（请宾客分项打“√”并提出宝贵建议）				
服务态度				
服务用语				
环境布置				
菜单介绍				
服务规范				
您对宴会服务和菜品质量的建议：				

二、综合实训评价

职业综合能力评价						
评价要素	优秀（10分）	良好（8分）	合格（6分）	教师评价（30%）	小组互评（30%）	自我总结及评价（40%）
仪容仪表						
沟通能力						
解决问题能力						
卫生、安全						
总分						

拓展练习

Note

项目十　婚宴综合实训

本项目教学课件

综合实训目标

1. 了解中国婚宴文化及仪式流程。

2. 运用中餐菜肴命名知识进行婚宴菜单设计与菜肴命名。

3. 后厨与前厅服务岗位熟练配合，熟练运用卤、炝、汽锅蒸、葱烧、焦熘、砂锅炖、烤等烹饪技法，按照婚宴菜单制作流程完成冷菜、热菜、面点的制作与传菜任务。

4. 运用中餐婚宴摆台和服务知识完成婚宴摆台及待客服务。

5. 在实践中感悟中国婚宴饮食文化，在菜肴制作和服务实践中积累工作经验，体验真实的工作过程。

视频：泡椒凤爪

视频：夫妻肺片

明确实训任务

位于北京的某饭店宴会厅承接了一单十桌（100 人）的婚宴，各年龄段的宾客都有，以中青年居多。经前台推荐，客人选定了“一工艺冷盘、四围碟、八热、两面点、一果盘”的婚宴菜单，并预订十月吉日中午用餐。请餐饮服务团队在规定时间内完成准备、制作等服务，为客人献上一场喜庆祥和的婚宴。具体菜单如下。

冷菜	工艺冷盘——双喜盈门
四围碟	苏式五香鱼　叉烧肉　泡椒凤爪　夫妻肺片
热菜	永结同心——炸五丝筒　四海同庆——五彩鱼丝 红红火火——红烧马鞍鳝　活色生香——蒜蓉蒸虾 花开富贵——百花酿春笋　龙凤呈祥——菠萝龙凤球 华彩满堂——铁板牛柳
汤	蒸蒸日上——汽锅鸡
美点映双辉	叉烧酥　虾饺
果盘	百花听雨

视频：永结同心——炸五丝筒

视频：红红火火——红烧马鞍鳝

视频：花开富贵——百花酿春笋

视频：蒸蒸日上——汽锅鸡

视频：虾饺

婚宴安全设计

婚宴服务注意事项

婚宴结束后收尾工作

制订工作方案

一、分析任务

填写任务分析单（参考寿宴综合实训内容填写）。

二、知识技能准备

（一）婚宴

婚宴是指为庆祝结婚举办的宴会，在中国婚宴通常称作喜酒。

现代中国人结婚大多选择在酒楼饭店，婚礼仪式也是以中西结合的方式进行。婚宴一般在婚礼仪式后举行。农村结婚大多在当地支起大棚，婚礼仪式与婚宴同步进行。

参加婚宴也称“吃喜酒”，婚宴是婚礼当天为答谢宾客举办的隆重宴席。如果说婚礼仪式把整个婚嫁活动推向了高潮的话，那么婚宴则是另一个高潮。

婚宴礼仪繁琐而讲究，从入席到上菜，从菜肴组成到进餐礼节，乃至席桌的布置、菜品的摆放等，各地都有一整套规程。

（二）婚宴流程

婚宴前的组织准备工作：了解宴会人数、所在餐厅、开始时间，备好餐具以及其他用具，布置婚宴的场景及台型，分工安排宴会人员等。

婚宴一开始，立即播放背景音乐。

婚宴流程：新人入场→踏上红地毯→司仪致证婚词→新人家长代表致主婚词→新郎求婚→求婚成功，交换戒指→三拜仪式→香槟仪式→新人父母上台献祝贺词→新人敬酒→全场举杯为新人祝福→新人暂时退场换装→宴会开始→餐中服务工作（提供上撤菜、酒水服务及宾客所需的一切服务）→宴会结束后的收尾工作（送宾、整理好服务现场等）→撤台（整理工作区域）。

（三）婚宴菜单制订原则

1. 菜肴的数目须为双数 婚宴菜单中菜肴的数目须为双数：通常以八个菜象征发财，以十个菜象征十全十美，以十二个菜象征月月幸福。

2. 菜肴的命名应尽量选用吉祥用语 菜肴的命名应尽量选用吉祥用语，以寄托对新人的美好祝愿，从心理上愉悦宾客，烘托气氛。比如：珍珠双虾可以取名为“比翼双飞”，奶汤鱼圆可以取名为“鱼水相依”，红枣桂圆莲子花生羹可以取名为“早生贵子”。

婚宴菜单中的菜肴如果是色、料、味成双成对，通常以鸳鸯命名，如鸳鸯鱼片、鸳鸯鸡淖、鸳鸯酥等，以表达对新人和谐美满的祝愿。

3. 婚宴菜单在设计时应因人而异 我国是一个多民族的国家，每个民族均有自己独特的风俗习惯和饮食禁忌，在设计婚宴菜单前应先了解宾客的民族、宗教信仰、喜好和忌讳等，灵活掌握，设计出宾客满意的菜单。

比如：传统的清真婚宴八大碗、十大碗中的菜品通常以牛肉、羊肉为主，有时会搭配鸡、鸭、鱼等菜肴，有着丰富的民族特色。

4. 婚宴菜肴原料的选择一定要根据习俗，注意禁忌 婚宴的菜肴一般不受菜系的限制，原料不要求十分名贵，但分量要稍多，口感适合，尽量与酒水相配。千万不能出现宾客没有吃饱或者觉得无东西可吃的情况。

传统婚宴菜肴中原料必须有鸡，象征吉祥喜庆；必须有鱼，象征年年有余，而且一般作为压轴的荤菜；一般要有大枣、花生、桂圆、莲子，取其谐音，有祝福新人早生贵子之意。婚宴中的大部分菜肴以红色调为主，给宾客带来喜庆的感觉，一般有酱红、棕红、橘红、胭脂红等。四川地区传统的婚宴中应有“甜烧白”，东北地区的婚宴一般要有“四喜丸子”以象征喜庆。

婚宴中的水果一般选用石榴，因其籽较多，有多子之意；还可选用西瓜、杨梅、蜜桃等，取意今后生活甜蜜美满。一般不选用梨和橘子，因为梨与“离”同音，橘子需要一瓣一瓣地分开来吃。

（四）预订酒席及写菜单时的注意事项

菜单上的菜式应详细列明，不要有一些模棱两可的字眼。

民间有“无宴不成婚，无酒不嫁女”的说法，婚宴菜单大有学问，如果需要准备的是中式风格的婚礼，菜肴的分量就更不可忽略了，文化、风俗习惯无不穿插其中。一款好的婚宴菜单除了要荤素搭配得当，原料也应丰富，口味、菜色缺一不可。

（五）制订宴席菜单的要点

1. 确定主题 根据客人订宴的目的，即宴席的性质，确定宴席的主题。

案例：京华国粹、梦入梨园

婚宴：“龙凤呈祥席”“和和美美席”“百年好合席”“鸳鸯戏水席”等。

寿宴：“寿比南山席”“五福临门席”“延年益寿席”等。

商务宴：“天府之国席”“鸿运当头席”“祝君好运席”等。

朋友聚会宴：“八仙过海席”“一帆风顺席”“前程似锦席”等。

家宴：“平平安安席”“天天大顺席”“满堂春色席”等。

不同档次的宴席，可将头菜的主料用作宴席的主题，如“海参席”“鲍鱼席”等。

另外，如果是全席，可将所选用的主要原料作为宴席的主题，如“全羊席”“全鱼席”“豆腐席”等。

2. 确定菜肴数量

（1）根据宴席档次，确定菜肴数量。

低档宴席：18 道以内，其中冷菜 2 ～ 4 道，热菜 6 ～ 10 道，小吃 1 ～ 2 道，汤 1 道。

中档宴席：25 道以内，其中冷菜 4 ～ 6 道，热菜 8 ～ 12 道，小吃 2 ～ 4 道，汤 1 ～ 2 道。

高档宴席：30 道以内，其中冷菜 6 ～ 8 道，热菜 10 ～ 12 道，小吃 4 ～ 6 道，汤 2 ～ 3 道。

（2）根据宾客情况，确定菜肴数量。若所宴宾客是体力劳动者，或以年轻人或者男士为主，菜肴数量应适当增加，以满足宾客吃得好和吃得饱的要求。

3. 确定原料 宴席中菜肴的原料价位、烹制的难易程度一般取决于宴席档次的高低。

低档宴席：多用猪肉、牛肉、普通的鱼鲜、时蔬和粮豆制品，常有 10% 的低档山珍或海味充当头菜或主菜。

中档宴席：多用鸡肉、鸭肉、猪肉、牛肉、羊肉、河鲜、蛋奶、时蔬、水果和精细的粮豆制品，可搭配 25% 的山珍和海味。

高档宴席：多用动植物原料的精华部分，山珍和海味约占 45%。

在菜肴的原料设计过程中，要注意以下几点。

（1）低档宴席的冷菜、热菜、小吃的主料不能重复，只有冷菜中的主料和热菜中的某个菜肴的辅料可以重复。

（2）中、高档宴席的每个菜肴主料都不能重复，以保证整个宴席选料的多样性。

（3）注意菜肴原料的荤素搭配，既要有富含高蛋白质、高脂肪的肉类食品，也要有富含维生素的蔬菜、水果，并适当配一些豆类、菌类、笋类、薯类原料，尽量符合我国居民平衡膳食的要求。

4. 确定味型 低档宴席冷菜、热菜、小吃的味型不能重复，只允许冷菜中的味型和热菜中的某一味型重复。中、高档宴席，除了咸鲜味可重复 5 次左右，甜香味可重复 3 次左右外，其余的味型都不能重复，以确保整个宴席中菜肴味型的多样性（汤和水果不在其内）。

一般来说，宴席中菜肴的味型，会随宴席档次的提高，而更偏重清淡和原汁原味。另外，从厨者在设计菜肴味型时，还应当注意现代营养学提出的“低糖、低盐、低脂肪”等方面的要求；充分考虑季节和地域的差异性，正所谓“春多酸、夏多苦、秋多辛、冬多咸”和“南甜、北咸、东辣、西酸”。

5. 确定烹饪方法 低档宴席多为家常菜式，制作简易，烹饪方法多为炒和烧。中档宴席多由地方名菜组成，调理精细，重视风味特色。高档宴席常配有知名度高的特色菜，注重原汁原味，花色菜肴和工艺大菜占很大的比重。

总的来说，菜肴烹饪方法的难易程度会随宴席档次的提高，难度不断增加。在整个宴席菜肴的烹饪方法中，要求不能有两次以上的重复。实际上，如果确定了宴席菜肴原料、味型和上菜的顺序，就已基本确定了菜肴的烹饪方法。

怎样制汤

6. 确定餐具 低档宴席对餐具要求不高，冷菜多用圆盘，热菜多用条盘或窝盘，汤菜则用汤窝。中档宴席的餐具要求整齐，使整个席面显得丰满。高档宴席的餐具则要求华丽珍贵（镀金、镀银），整个席面恢宏，气势非凡。

较正规的宴席一般选用成套餐具，即一个颜色、一种花样，只是大小和形状不同的器皿。

7. 确定菜名 低档宴席的菜名朴实无华，讲求实惠，多以主料或主辅料等命名。中档宴席的菜名比较雅趣别致，往往综合体现了低档宴席和高档宴席的菜肴命名要求。高档宴席的菜名典雅，文化气息浓郁，以意境或菜肴的象征意义或美好的祝福等命名。

不同性质的宴席，对菜肴的菜名亦很讲究，如婚宴的菜名要求喜庆、甜美、如意；寿宴的菜名要围绕长寿、吉祥等。

8. 确定上菜顺序　宴席中菜品的上菜顺序有如下几种。

（1）头菜—炸菜—汤菜—鱼菜—行菜—行菜—素菜—甜菜。

（2）头菜—炸菜—汤菜—素菜—行菜—行菜—鱼菜—甜菜。

（3）头菜—炒菜—炸菜—汤菜—素菜—行菜—鱼菜—甜菜。

小吃一般穿插在不同菜肴中间。注意同一味型或相近味型（如糖醋味、鱼香味、荔枝味）菜肴不能衔接太紧，以便更好地体现"一菜一格，百菜百味"。

9. 确定主食、水果、茶、酒、饮料　主食，一是根据餐厅的实际情况而定，多为米饭，宴席档次越高，所选用的米要求越高。二是根据宾客的特殊要求而定，可选用水饺、面条等。

水果，多选择时令鲜果，档次高的宴席，可选用名贵的水果。

茶水，除非宾客有特殊的要求，多由餐厅准备。

酒和饮料，一般由宾客自点或自带。如果宾客没有特殊要求，在设计菜单的时候，需要根据宴席的档次和人数，确定酒和饮料。

10. 确定厨师　低档宴席的技术含量不是很高，可由初、中级厨师制作。中档宴席较为讲究，多由中、高级厨师制作。高档宴席由于选料精，工艺丰富，往往需要高级厨师或技师制作，以确保宴席质量。

11. 确定餐厅和宾客的情况　应充分考虑餐厅的经营特色、货源情况、技术力量；宾客的国籍、民族、宗教信仰、职业、年龄、性别，以及体质、偏好、忌讳等。

（六）经典婚宴菜单

婚宴菜单设计

菜肴名称集萃

1. 案例一——龙凤呈祥席

四海同歌韵和鸣——龙凤拼盘

鸾凤喜映神仙池——迷你佛跳墙

海誓山盟龙凤配——蒜蓉蒸龙虾

比翼双飞会鹊桥——金钱鸡拼酿鸡翅

纱窗绣幕鸳鸯枕——什锦烩蔬菜

七夕佳偶牵手心——虱目鱼丸汤

馥兰馨果合家欢——环球水果盘

百年好合锦玉带——玉环鸳鸯贝

月老红线牵深情——红烧刺参扣鱼肚

天长地久庆有余——糖醋煎黑鲔鱼

同心齐谱金缕曲——红鲟米糕

花团锦簇并蒂莲——团圆莲子露

2. 案例二——比翼双飞席

八冷碟：

鸳鸯彩蛋　如意鸡卷

糖水莲子　称心鱼条

大红烤肉　相敬虾饼

香酥花仁　恩爱吐司

八热菜：

全家欢乐——烩海八鲜　比翼双飞——酥炸鹌鹑

鱼水相依——奶汤鱼圆　琴瑟和鸣——琵琶大虾

金屋藏娇——贝心春卷　早生贵子——花仁枣羹

大鹏展翅——网油鸡翅　万里奔腾——清炖金蹄

四果点：

甜甜蜜蜜——喜庆蛋糕　欢欢喜喜——夹心酥糖

热热闹闹——糖炒栗子　圆圆满满——豆沙汤团

三、制订实训计划

根据实训项目内容和要求，讨论并填写综合实训任务计划书（参考寿宴综合实训内容填写）。

进入工作准备

一、宴会服务准备

（一）了解开餐前餐厅服务准备工作流程

掌握客人信息及要求→餐具、用具准备→宴会摆台和布置→环境卫生与整理→工作台摆放饮料及服务用具→准备菜单→准备迎宾

（二）填写宴会服务准备任务单

参考寿宴综合实训内容填写。

二、厨房工作准备

（一）了解厨房工作流程

开档→完成菜肴加工组配→完成菜肴半成品加工→完成菜肴烹制→成品装盘与整理→收档

（二）填写厨房准备工作页及自查表

参考寿宴综合实训内容填写。

（三）填写菜肴原料准备工作页

参考寿宴综合实训内容填写。

制作与服务

一、了解厨房制作与餐台服务工作衔接程序

信息沟通→餐前检查→接单确认→菜肴烹调→装盘检查→划单传菜

上菜的时机：为了保证菜肴的质量（火候、色泽、温度等），使宾客吃得可口满意，服务人员要能够恰到好处地掌握上菜的时机和速度，菜上慢了，会造成菜肴冷得过快；如果菜上得过快，会使宾客吃不好。要想做到恰到好处，必须了解不同餐饮方式的上菜时机。

零点餐的冷盘应在客人点菜后 10 分钟内上菜，热菜应在 15 ～ 20 分钟上齐。宾客较少时，一般于 30 ～ 45 分钟上齐全部菜品，也可以根据宾客要求灵活掌握上菜速度。

宴会则要求冷盘在宴会开始前 5 分钟上菜，宾客入座开席后，当冷盘剩余 1/2 或 2/3 左右时，开始上第一道热菜。上热菜时应注意观察宾客进餐情况，并控制上菜的速度；如果是婚宴则应在 30 ～ 45 分钟上完所有的热菜。同时还要考虑是否有致辞或祝酒环节，如果有致辞环节，在什么时间进行，有几位主宾或主人讲话，有无致辞稿，大概需要多长时间等，这些问题可在宴会开始前向主办单位的工作人员了解清楚。

如果宴会前尚不能确定以上问题，可在宴会开始后请主办单位的工作人员直接向主宾和主人征询后予以转告，或根据现场情况灵活处理。若宴会前告知席间不做正式讲话，而在宴会进行中途临时增加致辞环节且菜肴已在制作中，应立即通知厨房暂缓制作；如果菜肴已经制作完成，要采取临时措施加以保温，并及时与厨房互通情况，以便其掌握出菜时间。服务人员要熟悉各种菜点的火候要求和烹调所需要的时间，做到心中有数，适时上菜。如果已上菜点宾客还未食用或食用速度较慢，要通知厨房暂缓做下一道菜，如果宾客食用速度较快，则通知厨房尽快出菜。

师傅点拨

上菜的速度：如无特殊情况，多半视宾客进餐情况决定上菜速度，上菜速度不宜过快或过慢，太快了服务人员来不及分派，宾客也来不及品味，太慢了显得台面菜肴不丰盛，或出现宾客空等的现象。因此，应掌握好上菜的速度，一般来说，宴会上菜应控制在 10 ～ 15 分钟上一道菜或点心。

（一）填写中餐厨房划单传菜工作页——跟单指挥与划单传菜

参考寿宴综合实训内容填写。

（二）填写划单传菜岗位退菜、换菜、催菜操作程序

参考淮扬菜风味家宴综合实训内容填写。

二、填写菜肴制作工作页

每道菜肴填写 1 份（参考寿宴综合实训内容填写）。

师傅点拨

技法园地——蒸

话蒸菜，品种繁，速蒸焖蒸与缓蒸；
用蒸箱，防烫伤，操作规范必先行；
蒸汽猛，火候足，蒸制时间把控好；
可整体，可造型，大菜没它可不行；
时间准，调味妙，成品自然错不了；
或文火，或慢火，鲜香嫩滑滋味妙；
清蒸菜，最传统，呈现本味是关键；
旺火速蒸保质量，小火慢蒸醇味浓。

三、宴席餐中服务

（一）了解宴席服务流程

站立迎宾→接挂衣帽→拉椅让座→询问茶水→打开口布→撤筷套→斟倒茶水→通知起菜→酒水服务→上菜服务→检查并送客

（二）填写宴席餐中服务工作页

参考寿宴综合实训内容填写。

四、收档及整理

（一）餐厅整理工作任务

参考鲁菜风味家宴综合实训内容。

（二）厨房收档工作任务

参考鲁菜风味家宴综合实训内容。

（三）填写收档工作页及自查表

参考寿宴综合实训内容填写。

组织实训评价

一、宾客满意度评价

参考寿宴综合实训内容进行。

二、综合实训评价

参考寿宴综合实训内容进行。

拓展练习

项目十一 商务宴席综合实训

本项目
教学课件

视频：
琥珀桃仁

视频：
吉利芝士肉卷

视频：
松鼠鳜鱼

综合实训目标

1. 了解中餐商务宴席及中餐商务宴席菜单设计。

2. 能够运用商务宴席菜肴组配知识组配菜肴。

3. 能够在规定时间内，熟练运用卤、炝、酥炸、焦熘、烩、挂炉烤等烹饪技法，完成宴席冷菜、热菜、面点的制作与传菜服务。

4. 运用商务宴席服务知识，完成中餐商务宴席摆台及待客服务。

5. 在实践中感悟商务宴席饮食文化，在菜肴制作和服务实践中培养应急应变的能力，体验团队合作、精益求精的精神和真实的工作过程。

明确实训任务

北京某酒店四季厅承接了一单三桌（30人）的商务宴席。客人来此开会，洽谈商务合作事宜。经前台推荐，客人最终选定了“一工艺冷盘、四围碟、八热、四面点、一果盘”的菜单，并预订周四中午聚餐。请餐饮服务团队在规定时间内完成准备、制作等服务，为客人献上一场气氛祥和友好的商务宴席。具体菜单如下。

冷菜	工艺冷盘——锦绣前程
四围碟	卤水肘子　开洋炝芹菜　美极浸萝卜　琥珀桃仁
热菜	龙井虾仁　吉利芝士肉卷　泰汁藕盒　番茄炒牛肉　香辣掌中宝　松鼠鳜鱼　北京烤鸭
汤	红烧鸡丝翅
美点四式	荷叶卷　蛋挞　岭南咖喱酥角　汤圆
商务果拼	欣欣向荣

Note

视频：
蛋挞

视频：
岭南咖喱酥角

制订工作方案

一、分析任务

填写任务分析单（参考寿宴综合实训内容填写）。

二、知识技能准备

（一）商务宴会

商务宴会通常是指因为商业需要而举办的活动，多为合作伙伴之间或公司之间为某项业务（如洽谈、签合约、庆祝某项合作等）而举办的宴会。有自助宴会和正式宴会两种宴请模式，自助宴会的礼仪要求比较简单，正式宴会要做好各种会前沟通和准备工作。

小贴士：

商务宴会浪费比例较高，与企业比较关注自身形象有关。吃少、吃差，怕企业形象、信用受到质疑，影响合作和谈判进程。企业要响应政府倡导节约的号召，避免铺张浪费。

冷餐会
菜单设计

（二）商务宴会菜单的设计

商务宴会消费是餐饮业，尤其是星级酒店和高档餐厅营利的主要途径，因此在设计商务宴会菜单时要充分细致地考虑到宾客人数、消费水平、餐位的选择等各方面的问题。

1. 商务宴会菜单制订原则

（1）要使菜单中原料的种类尽可能不重复。

（2）要使菜单中原料的烹饪方法尽可能不重复。

（3）要使菜单中菜肴的味型尽可能不重复。

（4）要使菜单中使用的盛器尽可能不重复。

2. 商务宴会菜单设计注意事项

（1）了解宾客禁忌和喜好。

（2）确定菜肴的品种，宴会菜单和零点菜单的不同之处就在于上菜的内容和上菜的程序不一样。

（3）星级酒店的宴会菜单中热菜是八菜一汤。

（4）菜单价格的变化，如黄焖蹄筋、黄焖鱼肚等会出现在不同档次的商务宴会菜单中。

（5）宾客人数和价格是宴会菜单设计的两个变量，对这两个变量的把握程度会影响到宴会菜单的最终质量。

（6）确定上菜的顺序，先冷后热，先菜后点，先炒后烧，先咸后甜，先淡后浓。

3. 商务宴会上菜的数量及顺序

（1）冷菜：一个主盘配四个围碟，也可以是八个单碟。

（2）热菜：2 ～ 4 道热炒，通过煎、炒、烹、炸、爆、熘、炝、灼等快速烹饪方法制成。星级酒店大多准备 2 份热炒。

（3）主菜：也称大菜，是菜单中的重头戏，一般有干货、海鲜、禽畜类、素菜及鱼类等，通常主菜中先上的多为干货制品，价高质美，可体现宴会档次，如海参、鲍鱼、干贝等；主菜后的二菜、三菜可以从海鲜、禽肉中选择，烹饪方法可以是烧、炸、熘、焖等；四菜一般是清蒸鱼类，接着是素菜，素菜至少包括 1 道蔬菜，正常是 2 道蔬菜。

（4）甜菜：也称甜品，通常在菜肴结束后再上。

（5）汤菜：只能有 1 道，大多是浓汤，如果是清汤，必须是上汤。有些地区最先上汤，称为开胃羹。

（6）点心：正常是 2 道，一甜一咸，一荤一素，一酵一酥。

（7）主食：一般只有 1 道，面、饭、粥等均可。高档酒店一般不提供白米饭，通常以各种精细面点为主。

（8）水果：一般是加工过的或高质量的水果。

4. 商务宴席的特点 商务宴席中菜肴的原料选择相对高档，要丰富多样，格调高雅，契合主题；菜肴应方便食用，简单而不简约，具有欣赏和食用价值；从菜肴的结构与数量方面考虑，应荤素搭配合理，冷菜、热菜、汤菜、点心、水果一应俱全；采用多种烹饪方法，满足不同客人的口味需求；菜肴名称要凸显主题，营造商务宴席的氛围。

5. 商务宴席上菜顺序 中餐一般讲究：先凉后热，先炒后烧，咸鲜清淡的先上，甜的味浓味厚的后上，最后是主食。有规格的宴席，热菜中的主菜，比如燕窝席里的燕窝、海参宴里的海参，应该先上，再辅以熘、炒、烧、扒类菜肴。

商务宴席的大致上菜顺序：果汁或茶水—冷菜—热菜—甜菜—点心—水果。此顺序并非固定不变，水果有时可以在冷菜之前，点心可以在不同热菜之间穿插上菜。较浓的汤菜，应该按热菜上；贵重的汤菜为热菜中的头菜。

冬季注重运用红烧、红焖、红扒等技法制作菜肴；夏季则以凉拌、清炒、清蒸、白灼等技法为主。此外还应考虑颜色搭配，原料也应根据地区、时令的变化而调整。

6. 商务宴席菜单案例

（1）大展宏图宴。

特惠价（2688 元 / 席，供十位用）

鸿运当头来　高汤焗龙虾

虫草花炖水鸭　一品香妃鸡

京葱爆海参　粿肉黄金卷

兰笋炒牛柳　鲍汁一品煲

清蒸海皇斑　金菇竹荪扒时蔬

鸿运连年　大展宏图

岭南佳果

（2）新居乐业宴。

特惠价（1688 元 / 席，供十位用）

鸿运乳猪全体

麦香焗海虾　鲍参鱼肚羹

福禄鸳鸯鸡　碧绿炒双脆

招牌生抽骨　海鲜卷拼香酥鸭

蚝皇灵菇扣蹄筋　清蒸深海斑

上汤浸时蔬　粗粮麦包

好运连绵　岭南佳果

（3）金玉满堂宴。

特惠价（1288 元 / 席，供十位用）

霸皇卤水拼　鲜灼海中虾

鲜人参炖双鸽　玫瑰豉油鸡

南瓜扣鳖肚　翡翠花枝片

金银烩双卷　蚝皇灵菇扣蹄筋

清蒸桂花鱼　豆酱炒时蔬

潮式美点　年年鸿运

岭南佳果

7. 商务宴请的基本礼仪

（1）座次：基本上按照以右为尊的原则，将主宾安排在主人的右侧，副主宾安排在主人的左侧。参加人数较多的宴会，主人应安排桌签以供宾客确认自己的位置。

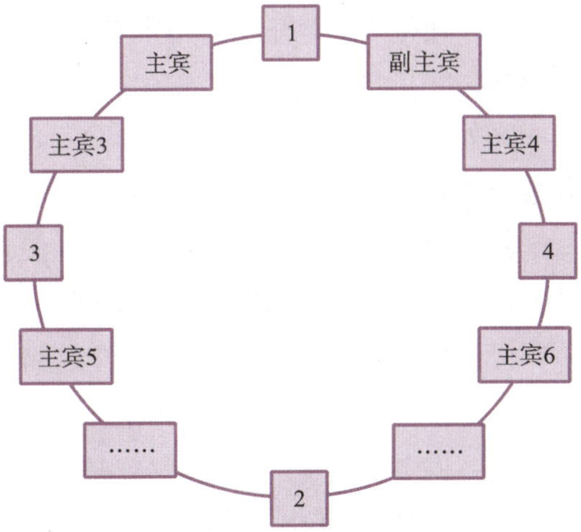

（2）入座：主人或者长者主动安排众人入座；其他宾客在长者或女士入座后，方可入座；入座时，男士为身边（尤其是右边）的女士拉开座椅并协助其入座。

（3）体态：入座后姿势端正，脚踏在本人座位下，不跷腿，不抖动腿脚，也不可任意伸直；胳膊肘不放在桌面上，也不要向两边伸展而影响他人。

（4）交流：宴会是一种社交场合，在餐桌上要关心别人，尤其要招呼两侧的女宾；口内有食物时，应避免说话，也不要敬酒；宴会上应营造和谐温馨的氛围，避免涉及死亡、疾病等影响用餐气氛的话题。

（5）布菜：主人可为身边的客人布菜。布菜应使用公勺或公筷。布菜时要照顾到客人的饮食偏好，如果客人不喜欢或者已经吃饱，不可为客人布菜。

（6）敬酒：主人先为主宾斟酒，若有长辈或者贵客在座，主人也应先为他们斟酒。主人为客人斟酒时，客人以手扶杯表示恭敬和致谢。首次敬酒由主人提议，客人不宜抢先；敬酒以礼到为止，各自随意，不应劝酒。

（7）散席：一般由主人表示结束宴会，主人、主宾离座后，其他宾客方可离开。

8. 商务宴席礼仪细节 用餐时，注意自用餐具不可伸入公用餐盘取菜舀汤，应使用公筷或公勺；在品尝菜肴后再决定是否添加调料，未尝之前就添加调料被视为对烹调者的不尊重；夹菜应看准下筷，不宜随意翻拣；小口进食，避免大口嚼咽；切忌用手指剔牙，可以使用牙签，并以手或手帕遮掩，牙签使用后折断放在接碟中。筷子不能一横一竖交叉摆放，不能插在饭碗里，也不能搁在碗上。

9. 取雅趣菜名的几个小窍门 给精心烹制的菜肴取一个美妙的名字，要么“雅”要么“趣”，要么“雅”“趣”兼备，有很多小窍门。菜名创意主要有三大方向：寻求内涵高雅的意境、表达吉祥美好的寓意和制造新奇有趣的效果。菜名的创意大体可以从以下六个角度作为思考的切入点：食材的名称、食材的色彩、食材形状或成菜造型、食材的功能、吃菜的声音质感、菜肴的烹饪方法。

（1）食材的名称：菜肴主食材的名称是普通菜名构成的基本内容，而要让菜名雅趣，可以先从食材的名称去思考。

①找谐音：就是找食材名称中的音同形异字或音近形异字，这是制造雅趣的重要手段。如找指向吉祥美好寓意的字，鱼—余、菜—财、莲—连、鸡—吉等。

具体举例如下。

称发菜鱼丸汤为“发财鱼丸汤”，取的就是“发菜（发财）”的谐音，使菜肴拥有了美好的寓意。称田园小鸡酥为“田园吉春”，“吉”与“鸡”谐音，寓意一片祥和、生机勃勃的田园景色。

又如西芹百合虾仁，食材“百合”，与“百年好合”字音相近，就可以寓意一对新人能够长相厮守，白头到老，百年好合。

a. 找指向内涵高雅意境的同音字：使人联想起诗情画意的意境或意蕴丰富的典故。

如老鳖炖母鸡可称为“霸王别姬”，“鸡”与“姬”同音，由姬想到历史典故“霸王别姬”。

b. 找指向新奇有趣效果的同音字：可能会带来意想不到的效果。如青椒配红椒，“椒”与“娇”谐音，菜名就可以称为“绝代双娇（椒）”。

②一词多义拓展：一词多义就是同一个字或词，同时有两种不同的意思。一词多义拓展，就是找食材名称的核心字还构成了哪些词，比如鸭掌，核心字是“掌”，那“掌”还组成了哪些词呢？有“手掌”“掌握”“掌门人”等，我们可从中挑选有意境、有寓意或有意思的词进行再创作。

a. 找食材中词的本义：如鸭掌烧鸽蛋，由“掌”联想到“手掌”，再加上鸽蛋的形状和颜色，就联想到成语掌上明珠，这道菜就可以叫作“掌上明珠”。又如春季时令菜“玫瑰花开”，食材主体是玫瑰饼，那就从“玫瑰”的本义，指向花开意境。

b. 找食材中词的其他含义：如食材猪心可以联想到“心情”“心意”“心心相印”等词，食材大肠可以联想到“热心肠”“古道热肠”“羊肠小道”等词。

③找食材的别名：有的食材，不止一种叫法，比如：鱼鳍也称划水，鱼腥草也称折耳根，土豆也称洋山芋，皮皮虾也称琵琶虾，鸡爪也称凤爪，荸荠也称马蹄，芫荽也称香菜等。利用食材的别名也是创意雅趣菜名的方法之一。例如：虾胶也称百花馅，是一种应用比较广泛的高档馅料。用虾胶作为食材的菜肴，就可以利用“百花”一词取一个有高雅意境或美好寓意的菜名，如锦绣百花球。有的食材并没有别名，在给菜肴取名时，可用同类或相近的事物且有美好寓意的名称来代替，如鸡用凤，蛇用龙，鸽用鹊等。经典的菜名有龙虎斗、龙凤呈祥等。

（2）食材的色彩：从食材的色彩和色彩搭配切入是创意菜名的重要途径。一般颜色的联想，都是指向同颜色而又有高雅意境或美好寓意的事物，有些联想经过千百次应用，已经模式化甚至固定下来。现分别举例如下。

怎样炒菜保持鲜绿

①指向颜色的。

白色：呈片状的，玉、白玉、琼瑶；呈粒状的，珍珠、明珠；呈粉末状的，白雪。

黄色：单一黄色的，黄金；黄白搭配的，金银、金玉。

绿色：单一绿色的，碧玉、翡翠；红绿搭配，红花绿叶、红嘴绿鹦鹉。

红色：火、红梅、珊瑚。

②指向美好寓意的，如金银馒头。

③指向高雅意境的，如火山飘雪，就是糖拌西红柿。再如大董餐饮投资有限公司的一道江雪糖醋小排，配的诗文是“独钓寒江雪”，上菜时服务员会一边吟咏《江雪》诗句，一边均匀地在菜肴上撒上洁白的木糖醇粉，顷刻间，菜肴上面“大雪”弥漫，《江雪》意境浓缩咫尺石盘之内，诗意盎然。再如我们自创的雅趣菜名“红情绿意”（草莓塔），由食材的红和绿搭配，引自古诗《约春》中“红情绿意知多少，尽入泾川万树花”，形容艳丽的春天景色。

（3）食材形状或成菜造型。

怎样盛菜装盘

①食材形状：有的食材本身或加工后有独特的形状，人们往往将形状与颜色联系在一起，如干贝呈柱状，可称瑶柱；虾米呈弯钩状，可称金钩；鸡腿形似琵琶，可称琵琶腿；黄豆芽炒豆腐条，从食材的形状看，黄豆芽似金钩，豆腐条似银鱼，因此这道菜可称“金钩钓银鱼”。再如冬菇菜心的摆盘，将冬菇摆在青菜上，冬菇呈圆形，可形象地称之为“金钱满地”。

②成菜造型：有些菜肴加工后可摆盘成某种特定的形状，我们可以根据成菜造型为菜肴取创意菜名。如松鼠鳜鱼，因菜肴成品如松鼠尾巴形状而得名；狮子头，因其形似石狮子的头而得名；蚂蚁上树，肉末微小如蚂蚁，粉丝细长如树枝，由此联想到此名，让人感觉新奇有趣。

（4）食材的功能：我们可以根据食材在生活中具有的功能，联想有高雅意境、美好寓意或新奇有趣效果的菜名。

①食材的整体功能：比如鸡、鸭等都有翅膀，那么以鸡、鸭为食材的菜肴就可以联想到“飞”，

可取名为“比翼双飞”等。

②食材某一部位的原始功能：例如，耳朵的功能是听，嘴、舌的功能是说，那么卤猪舌拌猪耳朵这道菜，就可以由耳朵和舌头的功能联想到二者在说悄悄话，菜名就可取作“悄悄话”。再如辣椒炒猪嘴就可以取名为“火辣辣的吻”。

（5）吃菜的声音质感：如海蜇皮拌萝卜丝，称为“金声玉振”，是因为吃的时候会发出清脆有力的声音，由此联想而得名。“菠萝古老肉”原名“菠萝咕噜肉”，此菜开始是用猪排骨切成小块后裹糊炸至外酥里嫩，客人在嘴中咀嚼时发出“咕噜”声而得名。粤语中“咕噜”的发音似“古老”，久而久之就成“菠萝古老肉”了。

（6）菜肴的烹饪方法：我们可以根据烹饪方法给菜肴取名，如宫廷名菜“罗汉大虾”实际就是虾的两种烹饪方法，将对虾的头部油焖，尾部炸酥，最后进行拼接盛放于一个盘子里，由于整道菜的外形凸起，像一个袒腹的大肚罗汉，故而得名。

序号	传统菜名	雅趣菜名	寓意解释
1	蓝莓山药	踏雪寻梅	梅有五瓣，象征五德，取名踏雪寻梅，祝福在座贵客快乐、幸运、长寿、顺利、平和。
2	樟茶鸭	春江水暖	“春江水暖鸭先知”，春天万物复苏，生机勃勃，取名春江水暖，祝福在座贵客日日有希望、处处是生机。
3	京糕白菜	翠绕珠围	翠绿的白菜伴着鲜艳的京糕，取名翠绕珠围，寓意富贵荣华。
4	芒果虾仁	金玉满堂	金色的芒果，绿色的甜豆，鲜美的虾仁，取名金玉满堂，寓意学富五车、家财万贯。
5	凉拌鸡丝	吉庆有余	“鸡”与“吉”谐音，人们将鸡寓意吉祥如意。红椒为红色，有喜庆的含义，祝福贵客新年吉祥。
6	丰收大拌菜	四季平安	“青青园中葵，朝露待日晞。阳春布德泽，万物生光辉。”古人云：三日可无肉，日菜不可无。愿诸君常食蔬菜，共享四季平安。
7	清炖蟹粉狮子头	瑞兽呈祥	在我国民俗文化中，狮子是常见的吉祥神兽，取名瑞兽呈祥，寓意英勇无敌、富贵长春。
8	葱烧海参蹄筋	山容海纳	蹄筋来自高山，海参来自汪洋，取名山容海纳，寓意在座贵客心胸像山谷、大海般宽广，襟怀磊落。
9	吉利龙凤球	皓月常圆	范仲淹在《岳阳楼记》中写道：“而或长烟一空，皓月千里，浮光跃金，静影沉璧，渔歌互答，此乐何极！”寓意皓月常圆，合家团圆。
10	宫保海螺片	海角知音	用宫保的口味烹调海螺片，可谓天涯海角觅知音，正如杜甫所云：“人生交契无老少，论交何必先同调。”祝愿贵宾都能觅得知音。
11	豉油麒麟鲈鱼	鱼游濠水	《庄子·秋水》云：“子非鱼，安知鱼之乐？”鱼游濠水之上，自得其乐，羡煞旁人。祝愿在座贵客悠然自得，逍遥自在。

续表

序号	传统菜名	雅趣菜名	寓意解释
12	宝岛三杯鸡	吉祥三宝	“鸡”与“吉”谐音，一杯米酒，一杯猪油，一杯酱油，此为三宝，取名吉祥三宝，祝福在座贵客吉星高照，招财进宝。
13	锅塌百花豆腐	秀外慧中	豆腐是我国传统食材，温润如玉，营养美味，可谓秀外慧中。祝愿在座贵客外表俊美秀丽，内在聪慧明达。
14	腊味荷塘小炒	天作之合	腊味与蔬菜搭配，荤素和谐，可谓天作之合，祝福在座贵客生活和美，家庭幸福。
15	芝麻汤圆	团团圆圆	圆润可爱的芝麻汤圆，取名团团圆圆，寓意在座贵客家庭和美，团圆幸福。
16	珍珠馓子	骊珠串串	馓子周身布满珍珠般的气泡，骊珠是传说中骊龙下巴上的珍珠，珍贵无比，取名骊珠串串，寓意富贵吉祥。
17	白云虾饺	蒸蒸日上	虾饺经过蒸制热气腾腾，取名蒸蒸日上，寓意欣欣向荣。
18	翻毛喜饼	喜事连连	翻毛喜饼一个挨着一个，排列整齐有序，预示在座贵客好运不断，喜事连连。

请同学们为商务宴席菜单中的每道菜起雅趣菜名，并注解寓意。

序号	传统菜名	雅趣菜名	寓意解释
1			
2			
3			
4			
……			

三、制订实训计划

根据实训项目内容和要求，讨论并填写综合实训任务计划书（参考寿宴综合实训内容填写）。

进入工作准备

一、宴会服务准备

（一）了解开餐前餐厅服务准备工作流程

掌握客人信息及要求→餐具、用具准备→宴会摆台和布置→环境卫生与整理→工作台摆放饮料及服务用具→准备菜单→准备迎宾

Note

（二）填写宴会服务准备任务单

参考寿宴综合实训内容填写。

二、厨房工作准备

（一）了解厨房工作流程

开档→完成菜肴加工组配→完成菜肴半成品加工→完成菜肴烹制→成品装盘与整理→收档

（二）填写厨房准备工作页及自查表

参考寿宴综合实训内容填写。

（三）填写菜肴原料准备工作页

参考寿宴综合实训内容填写。

制作与服务

一、了解厨房制作与餐台服务工作衔接程序

信息沟通→餐前检查→接单确认→菜肴烹调→装盘检查→划单传菜

师傅点拨

上菜方法：一脚在前一脚在后，侧身端菜（双手端菜，要平、稳，手指不能接触到菜品）；上菜时不推盘，撤盘时不拉盘，菜盘不能超出转盘的边缘；转转盘时要稳，不能过快或过慢，不能倒转转盘，转好后将转盘稳住再后退报菜名。

上菜注意事项：

①鸡不献头，鸭不献爪，鱼不献脊。

②煲仔必须先加热后上桌，上桌后再打开盖子，取盖时盖子朝上，注意不要将水蒸气滴在宾客身上或餐台上。

③锅仔的特点是边加热边吃，所以上菜后应点火并做简单介绍，待烧开后为客人打开盖子。打开盖子时应注意保持盖子朝上以避免水蒸气滴在宾客身上或餐台上。

④征询宾客是否需要分菜。

⑤上带酱料以及工具的菜时：先上酱料后上菜，最后上工具。如果工具是按位上的话，如吃鲍鱼的刀叉，应先上酱料，然后上工具，最后上菜。要向客人介绍酱料及工具的用途。

⑥锡纸类的菜，在打开锡纸时左手拿刀，右手拿叉，动作要轻，避免锡纸粘在菜上，在锡纸的上方切开十字开口，用刀叉将四角挑开。

（一）填写中餐厨房划单传菜工作页——跟单指挥与划单传菜

参考寿宴综合实训内容填写。

（二）填写划单传菜岗位退菜、换菜、催菜操作程序

参考寿宴综合实训内容填写。

二、填写菜肴制作工作页

每道菜肴填写 1 份（参考寿宴综合实训内容填写）。

师傅点拨

技法园地——上汤

上汤菜肴用高汤，色白汤浓味道香；
选用蔬菜和海鲜，清鲜爽口不油腻。

技法园地——扒

整扒散扒选料精，叠码成型下高汤；烧透入味少勾芡，大翻锅身保原型；
红扒菜肴有颜色，酱油番茄和糖色；白扒菜肴不加色，汤醇味厚原料鲜。

三、宴席餐中服务

（一）了解宴席服务流程

站立迎宾→接挂衣帽→拉椅让座→询问茶水→打开口布→撤筷套→斟倒茶水→通知起菜→酒水服务→上菜服务→检查并送客

（二）填写宴席餐中服务工作页

宴席餐中服务工作页参考立春宴席综合实训内容填写。具体服务内容如下。

1. 分菜服务

（1）整道菜品中最好的部分分给第一主宾。

（2）不分头尾。

特殊菜肴传菜与餐台服务

Note

（3）分菜应留至少十分之一的菜品备用。

（4）分菜应均匀。

2. 分汤服务

（1）服务员站立在分菜位上，从传菜员的长托上端过汤煲，放在分菜位上。

（2）揭开汤盖，把汤盖放在汤煲旁边。

（3）右手拿起汤勺，把汤煲里的汤均匀盛到汤碗里。

（4）每碗汤装至八分满为宜，装完汤后报汤名。

（5）顺时针转动转盘，把汤碗转到每位宾客的面前。

（6）如有剩余的汤，需盖上汤盖留在分菜位，如没有需及时撤走。

3. 注意事项

（1）多台宴会应在席上分菜，上菜前撤去鲜花及台号牌，摆放分菜用的相关器皿。如果是小型宴会，则在厅内适当位置摆放分菜台或分菜车，在分菜台或分菜车上摆放分菜用的相关器皿。如不需要分菜，则在上菜前撤去鲜花及台号牌。

（2）如席上分菜，应在副主位右边第二、第三位宾客之间的位置进行。

（3）席上分菜遇到单手操作时，要注意另一只手自然放在背后。

（4）分菜时脸朝向客人，胆大心细，掌握好菜的分量，要分得均匀，一般一次分完，分不完的应征得宾客同意再撤走。

（5）分菜时要注意分好后的菜形，以保证菜的形象美。分菜过程尽可能避免发出响声。

（6）分完菜或汤后，应将菜递到客人面前，并做手势示意宾客自用。

（7）每上一道菜要换一次餐具，做到四勤。席上分菜要随时保持转盘的干净。

（8）派菜时先主宾后次宾，然后按顺时针方向分派，最后给主人。

（9）派菜时的托盘不能用于收拾脏餐具。

4. 斟酒服务

（1）席间如宾客致辞时，应立即关闭音响（厅房则关闭单元音响），并通知备餐间暂停起菜，然后暂停工作站立一旁。（如客人迟到，应保证客人有干杯用的酒水）

（2）大型宴会宾客致辞时，应用托盘准备好 1 ～ 2 杯甜酒或红酒，在致辞完毕时送上。

（3）客人敬酒前要注意观察其杯中是否有酒，当客人起立干杯或敬酒时，应帮助客人拉椅，然后拿起酒瓶，准备添酒。

四、收档及整理

（一）餐厅整理工作任务

参考鲁菜风味家宴综合实训内容。

（二）厨房收档工作任务

参考鲁菜风味家宴综合实训内容。

拓展练习

（三）填写收档工作页及自查表

参考寿宴综合实训内容填写。

组织实训评价

一、宾客满意度评价

参考寿宴综合实训内容进行。

二、综合实训评价

参考寿宴综合实训内容进行。

项目十二 红船宴主题宴席综合实训

本项目
教学课件

红船主题宴席
案例

视频：
秋葵牛肉

视频：
炸烹虾段

视频：
芙蓉鸡片

视频：
油爆鱿鱼卷

综合实训目标

1. 熟悉红船文化，领会红船精神。

2. 运用宴席菜肴命名和组配方法对红船宴菜点进行命名和菜肴组配。

3. 能够在规定时间内，熟练运用炸、清氽、油爆、熟炒、烧、扒等烹饪技法，按照主题宴席制作流程完成红船宴冷菜、热菜、面点的制作任务。

4. 依据红船宴主题宴席设计方案，完成红船宴摆台及主题宴席汇报服务。

5. 在实践中感悟红船文化，在菜点制作和服务实践中通过团队合作、精益求精的设计与制作，积累工作经验，体验真实的工作过程。

明确实训任务

1921 年，中国共产党第一次全国代表大会在浙江嘉兴南湖的一条游船（后称“红船”）上胜利闭幕，庄严宣告中国共产党的诞生。为了弘扬“红船精神”，烹饪协会将在会展中心举办主题宴席比赛活动，并邀请学校参赛。学校要求餐饮服务专业设计制作一台以“乘风破浪——红船宴”为主题的宴席，菜单内容为“一主题工艺冷盘、四围碟、七热、四面点、一果盘”，并于中午进行摆台展示。请餐饮服务专业团队在规定时间内完成准备、制作、摆台、汇报等服务，为主题宴席比赛活动献上一台主题鲜明、造型美观、技法全面的红船宴。

冷菜	工艺冷盘——红船记忆
四围碟	芝麻鱼排　熟醉蟹　秋葵牛肉　桂花糯米藕
热菜	炸烹虾段　芙蓉鸡片　糟熘三白　油爆鱿鱼卷　贝松扒娃娃菜　清炒鳝糊
汤	西湖牛肉羹
美点四式	鸿运高照——蛋黄莲蓉甘露酥　柿饼豌豆黄　双色绿豆糕　象形柿子酥
果盘	山河锦绣

视频：
贝松扒娃娃菜

视频：
清炒鳝糊

主题宴会主题
设计

制订工作方案

一、分析任务

填写任务分析单（参考寿宴综合实训内容填写）。

二、知识技能准备

（一）红船宴文化内涵

本次宴席的主题是“乘风破浪——红船宴”。1921年，中国共产党第一次全国代表大会在浙江嘉兴南湖的一条游船（后称“红船”）上胜利闭幕，庄严宣告中国共产党的诞生。中国共产党在红船诞生，这一伟大革命实践所表现出来的精神如下：中国革命的航船从这里扬帆起航，体现了“开天辟地、敢为人先”的首创精神；中国共产党的诞生，使中国革命从此有了坚定的理想信念和强大的精神支柱，体现了“坚定理想、百折不挠”的奋斗精神；中国共产党从诞生的那天起，从来就没有自己的私利，而是以全心全意为人民服务为根本宗旨，体现了“立党为公、忠诚为民”的奉献精神。

红船宴主题宴席设计要求如下。在整体氛围方面，要求将“红船精神”融入宴席设计，把开天辟地、敢为人先的首创精神，坚定理想、百折不挠的奋斗精神，立党为公、忠诚为民的奉献精神融入设计和菜肴制作中。在餐具方面，要求选用以浅色为主调的餐具，菜牌设计要有新意、有造型，从细节上来呼应宴席的主题。在菜肴选择方面，要求团队对“红船精神”进行认真学习，结合现代人的饮食习惯和健康饮食理念，让菜肴回归本味本色。此外，宴席还应具有很强的市场推广性。

（二）红船精神解读

“红船精神”同井冈山精神、长征精神、延安精神、西柏坡精神等一道，伴随中国革命的光辉历程，共同构成我们党在前进道路上战胜各种困难和艰险、不断夺取新胜利的强大精神力量和宝贵精神财富。

开天辟地、敢为人先的首创精神：中国共产党始终站在历史和时代发展的潮头。南湖红船点燃的星星之火，形成了中国革命的燎原之势，使四海翻腾，五岳震荡。我们党从这里走向井冈山，走向延安，走向西柏坡，由一个领导人民为夺取政权而奋斗的党，成为领导人民掌握政权并长期执政的党。

坚定理想、百折不挠的奋斗精神：这一精神使中国共产党矢志推动中国革命和建设事业不断前进。当初，党的“一大”会议由上海转至嘉兴，在南湖红船上完成缔造中国共产党的使命，靠的是坚定的理想信念和百折不挠的革命精神。之后，我们党在长期艰苦卓绝的奋斗中，历经曲折而不畏艰险，屡受考验而不变初衷，由小到大，由弱变强，靠的就是坚定的理想信念和百折不挠的革命精神。

立党为公、忠诚为民的奉献精神：努力维护好、实现好、发展好最广大人民的根本利益。

Note

中国共产党从诞生那天起，从来就没有自己的私利，而是以全心全意为人民服务为根本宗旨。密切联系群众是我们党区别于其他任何一个政党的显著标志。依水行舟，忠诚为民，成为贯穿中国革命和建设全过程的一条红线，也是“红船精神”的本质所在。

（三）宴席菜单烹饪特点

红船宴菜单全部选用本地风味菜肴，考虑到浙江嘉兴为水乡，菜单中 90% 的菜肴运用了水产原料，并分别进行了改良和创新。

整体设计以传承创新、绿色、健康、红船精神为指引，严格把控原料质量，保证食材新鲜；运用多种烹调技法，器皿搭配相得益彰；台面设计呈现出营养、健康、绿色、环保、低碳的理念。

（四）主题宴席摆台设计案例

注：图片为 2021 年全国职业院校技能大赛烹饪（高职组）作品。

请同学们参照“商务宴席综合实训”中起雅趣菜名的要求，为红船宴菜单中的每道菜起雅趣菜名，并注解寓意。

序号	传统菜名	雅趣菜名	寓意解释
1			
2			
3			
4			
……			

三、制订实训计划

根据实训项目内容和要求，讨论并填写综合实训任务计划书(参考寿宴综合实训内容填写)。

进入工作准备

一、宴会服务准备

(一)了解开餐前餐厅服务准备工作流程

掌握客人信息及要求→餐具、用具准备→宴会摆台和布置→环境卫生与整理→工作台摆放饮料及服务用具→准备菜单→准备迎宾

(二)填写宴会服务准备任务单

参考寿宴综合实训内容填写。

二、厨房工作准备

(一)了解厨房工作流程

开档→完成菜肴加工组配→完成菜肴半成品加工→完成菜肴烹制→成品装盘与整理→收档

(二)填写厨房准备工作页及自查表

参考寿宴综合实训内容填写。

(三)填写菜肴原料准备工作页

参考寿宴综合实训内容填写。

制作与服务

一、了解厨房制作与餐台服务工作衔接程序

信息沟通→餐前检查→接单确认→菜肴烹调→装盘检查→划单传菜

师傅点拨

宴席安全控制

宴席制作在质量安全上需要严格把控，不仅操作者需要注意个人卫生，食品的原材料过程性操作也需要严格控制，这对于饮食者的安全起到至关重要的作用。同时安全操作也可体现规范性，可以很好地呈现操作者的操作娴熟程度。

（1）个人卫生：所有参赛选手，在赛前均应进行体检。

（2）操作卫生：生熟砧板全部分开，操作熟食时全部佩戴手套、口罩。

（3）食品卫生：生熟原料分开放置、处理，砧板按照世界技能大赛标准进行颜色区分，严格卫生切配。

（4）安全操作：刀具、工具利口全部朝内，全部放置在指定的安全地方，并配有刀架等。

（5）盛器卫生：所有的盛器全部经过消毒、高温处理，严格调控。

二、填写菜肴制作工作页

每道菜肴填写 1 份（参考寿宴综合实训内容填写）。

师傅点拨

宴会设计小结

菜单设计学问深，冷热菜肴来组成；
宴请对象必考虑，用餐形式常翻新；
色香味形搭配好，烹饪技法样不重；
凉先热后再主食，先后顺序调配好；
先荤后素鱼中间，特殊要求随时备；
卫生标准要坚持，沟通协作巧配合；
营养美味迎宾客，成本核算记心间。

三、宴席餐中服务

（一）了解宴席服务流程

站立迎宾→摆台→传菜→主题宴席介绍→送客

（二）填写主题宴席服务工作页

实训项目	红船宴主题宴席综合实训		宴会开展时间	
本人任务	□迎接宾客　□摆台　□传菜　□主题宴席介绍　□送客			
实训地点	宴会餐厅		自检评价	
			齐全规范	欠规范
服务步骤（填写任务、规范、标准）	1	迎接宾客		
	2	摆台		
	3	传菜		
	4	主题宴席介绍		
	5	送客		
完成情况	自查情况、监督员质量监督情况：			
反思改进	服务难点、服务技巧、不足改进：			

（三）红船宴主题宴席展台设计评价要素

宴会主题设计关键控制点

1. 传承烹饪文化，体现烹饪技术和菜肴特色　纵观整体，菜肴从食材的选用到烹饪的刀工、火候等方面传承烹饪文化，充分体现烹饪的技术功底和菜品特色。

2. 注重选材，崇尚健康理念　整桌菜肴设计以养生菜式为主，注重原料的合理搭配，营养均衡，优质蛋白质和一些人体易缺的矿物质和维生素所占比例较高，辅以合理的烹饪加工方法及自然的色调搭配，在增加菜肴色、香、味、形的基础上，使菜肴易于食用，营养易于吸收。

3. 烹调方法多样，注重健康　采用多种烹调技法（如蒸、煮、烧、炒、炸、卤等），突出食材的本味。

4. 强调宴席整体的综合价值　宴席在设计上要充分体现主题性、实用性、艺术性，并具有较高的推广价值。紧密围绕宴席的主题，创造一个绿色健康、卫生舒适的用餐氛围。

5. 体现主题，成本控制　宴席设计既要体现主题，又要考虑自身制作能力及成本控制。

6. 整体感观　原料广博，烹调多样，味型丰富，色泽和谐，造型多样，布局立体，搭配得当，有浓浓的诗画江南韵味。

7. 餐具搭配选用　形态各异，材质多样，根据每道菜肴不同的要求进行总体设计，以突出菜肴本身的风格和意境。

8. 台面布置 响应习近平总书记的号召，厉行勤俭节约，反对铺张浪费，台面布置简洁明了，根据菜肴本身的盛器和造型特点来设计整个台面。

（四）红船宴主题宴席展台服务评价表

实训项目	红船宴主题宴席综合实训		宴会开展时间	
本人任务	□摆台 □主题宴席介绍 □整体设计 □征求意见，礼宾送客			
实训地点	宴会展厅		自检评价	
			全面规范	欠规范
评价要素	1	传承烹饪文化，体现烹饪技术和菜肴特色		
	2	注重选材，崇尚健康理念		
	3	烹调方法多样，注重健康		
	4	强调宴席整体的综合价值		
	5	体现主题，成本控制		
	6	整体感观		
	7	餐具搭配选用		
	8	台面布置		
	9	主题与菜肴特色介绍		
	10	仪容仪表		
完成情况	自查情况：			
反思改进	不足与改进：			

四、收档及整理

（一）餐厅整理工作任务

参考鲁菜风味家宴综合实训内容。

（二）厨房收档工作任务

参考鲁菜风味家宴综合实训内容。

（三）填写收档工作页及自查表

参考寿宴综合实训内容填写。

组织实训评价

拓展练习

一、宾客满意度评价

参考寿宴综合实训内容进行。

二、综合实训评价

参考寿宴综合实训内容进行。

Note

模块四

中西融合主题宴席综合实训

一、模块学习内容

本模块是以中式自助餐、西式自助餐、中西融合正餐宴会风味菜点生产任务为载体，通过中餐厨房、餐厅服务综合实训，多岗位沟通协作，以工作标准和流程为参照，选取不同主题和风格的宴会服务而构成的综合实训。学生须运用已经掌握的工作岗位相关理论知识、专业技能及已积累的工作经验，协调配合完成菜单菜肴的设计、命名、加工、组配、烹制、传菜、餐厅服务等工作任务；学习自助餐宴会、西餐烹饪、中西融合正餐宴会文化、分类，分析典型案例，学习宴席菜肴组配、菜肴制作相关烹饪技法及宴会服务流程、宴会服务规范与服务礼仪；培养提升综合职业能力。通过计划书、工作页、工作评价的设计与运用，引入科学发展观，引导学生用发展的眼光看待周围的一切，学会系统思考，统筹兼顾。本模块设有丰富的知识链接，趣味性强，有效融入课程思政元素。

二、模块组成

项目十三　中式自助餐制作与服务

项目十四　西式自助餐制作与服务

项目十五　中西融合正餐宴会制作

三、模块学习要求

1. 熟悉中式自动餐、西式自助餐、中西融合正餐宴会菜肴组配知识和相关文化。

2. 能够按照中式自助餐、西式自助餐、中西融合正餐宴会位上菜服务流程进行服务。

3. 能够在规定时间内，熟练运用冷菜、热菜、面点烹饪技法，按照中式自助餐、西式自助餐、中西融合正餐宴会制作流程完成冷菜、热菜、面点的制作任务。

4. 后厨与前厅服务岗位能够熟练配合，完成中式自助餐、西式自助餐、中西融合正餐宴会摆台及待客服务。

5. 在实践中感悟中式自助餐、西式自助餐、中西融合正餐宴会烹饪文化，在菜点制作和服务实践中培养应急应变的能力，积累工作经验，体验团队合作、精益求精的精神。

项目十三 中式自助餐制作与服务

综合实训目标

1. 初步了解自助餐文化。

2. 掌握中式自助餐菜肴组配和菜单制订方法。

3. 能够依据中式自助餐菜点品种及规模进行自助餐台设计及摆台。

4. 能够在规定时间内，熟练运用拌、爆、焖、烤、煎、酿、煮、焗、蒸等烹饪技法，按照自助餐制作流程完成小型家宴冷菜、热菜、面点的制作任务。

5. 熟练进行后厨与前厅服务岗位配合，完成中式自助餐摆台。

6. 能够依据中式自助餐宴会服务工作流程进行待客服务。

7. 在实践中感悟中式自助餐烹饪文化，在菜点制作和服务实践中培养应急应变的能力，体验团队合作、精益求精的精神和真实的工作过程。

本项目教学课件

视频：水晶肴肉

视频：大理石纹蟹肉卷

油焖春笋

视频：黑椒牛柳

明确实训任务

北京某风味餐厅承接了一单 30 人小型会议自助餐宴席，经前台推荐，客人选定了“六冷六热一汤四点心一果盘”的自助餐菜单，以中餐为主，并预订第二天中午聚餐。请餐饮服务团队在规定时间内完成准备、制作等服务，为客人献上一台取食快捷、营养均衡的中式小型会议自助餐。具体菜单如下。

冷菜	丰收拌菜　水晶肴肉　大理石纹蟹肉卷　皮蛋鸡肉卷　油爆河虾　油焖春笋
热菜	黑椒牛柳　烤羊排　蜜汁烤鸡翅　煎酿椒子　沸腾鱼　咸蛋黄焗南瓜
汤	酸辣汤
面点	干蒸烧卖　马蹄糕　李连贵熏肉大饼　咸水角
果盘	花开富贵

视频：烤羊排

视频：煎酿椒子

视频：沸腾鱼

视频：干蒸烧卖

视频：马蹄糕

视频：李连贵熏肉大饼

视频：咸水角

制订工作方案

一、分析任务

填写任务分析单。

宴席类型	就餐人数	客源地区	客人需求	就餐场所	清真	回头客
小型会议自助餐	30人	北京	中式菜肴	风味餐厅	□是 ☑否	□是 ☑否
客人年龄段	☑老年 ☑成年 ☑未成年					
菜肴名称	技法、口味、口感要求					菜肴成本
丰收拌菜	运用炝、拌技法；口味要求咸鲜微酸；口感脆嫩					
水晶肴肉	运用卤、蒸、紧压造型技法；口味要求五香味浓；口感鲜香脆嫩					
大理石纹蟹肉卷	运用蒸、包卷、紧压造型技法；口味要求咸鲜；口感软嫩					
皮蛋鸡肉卷	运用卤、卷、紧压造型技法；口味要求咸香；口感软嫩					
油爆河虾	运用炸烹技法；口味要求咸鲜酸甜；口感外酥里嫩					
油焖春笋	运用油焖技法；口味要求葱香浓郁，咸鲜回甜；口感脆嫩入味					
黑椒牛柳	运用煎烹技法；口味要求咸鲜回甜，黑胡椒味浓郁；口感鲜嫩					
烤羊排	运用腌制、焖炉烤技法；口味要求咸香；口感外酥里嫩					
蜜汁烤鸡翅	运用腌制、明火烤技法；口味要求咸鲜香辣回甜；口感外酥里嫩					
煎酿椒子	运用煎烹技法；口味要求咸鲜；口感滑嫩					
沸腾鱼	运用瓤、蒸技法；口味要求咸鲜；口感软嫩					
咸蛋黄焗南瓜	运用焗技法；口味要求咸鲜回甜；口感外酥里嫩					
酸辣汤	运用烩、煮技法；口味要求咸鲜酸辣；口感滑嫩					
干蒸烧卖	运用包、蒸技法；口味要求咸鲜；馅心软嫩，面皮筋道					
马蹄糕	运用蒸、晾技法；口味要求鲜甜；口感软滑鲜嫩					
李连贵熏肉大饼	运用煎、烙技法；口味要求咸鲜，五香味浓郁；口感外酥里嫩					
咸水角	运用炸技法；口味要求咸鲜；口感外酥里嫩					
果盘	运用果盘切削技法；口味要求鲜甜；口感脆嫩					
新技能需求					总计	

二、知识技能准备

（一）自助餐概述

自助餐（buffet），亦称冷餐会，是一种客人自行挑选、拿取或自烹自食的就餐形式。在

自助餐
用餐礼仪

餐桌服务中原本由服务员完成的服务项目，在这里完全由客人自己完成或餐厅只提供部分服务。这种就餐形式活泼、挑选性强、不拘礼节，打破了传统的就餐形式，迎合了客人的心理，正被越来越多的人所接受。自助餐主要适用于会议用餐、团队用餐和各种大型活动用餐。目前星级酒店的早餐多以自助餐的形式提供。

自助餐，特指西餐的一种就餐方式。厨师将烹制好的冷、热菜肴及点心陈列在餐厅的长条桌上，由客人自己随意取食，自我服务。这种就餐形式起源于公元8—11世纪北欧的斯堪的纳维亚式餐前冷食和亨联早餐（Hunt breakfast）。

它是国际上所通行的一种非正式的西式宴会，在大型的商务活动中尤为多见。它的具体做法是，不预备正餐，而由用餐者随意在用餐时自行选择食物、饮料，然后或立或坐，自由地与他人在一起或独自一人用餐。自助餐之所以称为自助餐，主要是因其可以在用餐时调动用餐者的主观能动性，让用餐者自己动手，自己帮助自己，在既定的范围之内安排选用菜肴。自助餐之所以又被叫作冷餐会，是因为其提供的食物以冷食为主。

小贴士：

冷餐会与自助餐的形式基本相同。冷餐会基本上以格调高雅、风味独特的冷菜、饮料、低度酒为主，并非以进餐为主要目的，它通常适用于招待会、新闻发布会等。

（二）自助餐的特点

（1）菜肴品种丰富，选择余地大。

（2）不受时间限制，随到随吃，无须等候。

（3）价格便宜。因为菜肴提前准备好，无须现场加工，客人自行选取食物，所以需要的厨师、服务员少，降低了工资成本。

（4）自我服务。

（5）餐厅规定价格，餐前结账。餐厅规定每客一餐的统一价格，加上酒水价格，用餐结束后再行付款。

（三）自助餐菜单菜品设计

自助餐菜单制订原则

自助餐菜品设计以清爽、悦目、制作简便、适应面广、方便取食为主要要求。研究和把握自助餐菜品特点，是科学、合理制订自助餐菜单的前提。

1. 色彩悦目，搭配和谐　自助餐菜品均直观陈列于餐台，消费者在观赏认可后，才会取食。

因此，自助餐菜点必须靓丽、悦目、富有光泽、色彩丰富、搭配和谐。

（1）以突出自然色为主，给消费者清新质朴之感。自然色，即来自原料自身的色彩、色泽。色彩艳丽、丰富的蔬菜，如彩椒、西红柿、心里美萝卜等加工烹制得法，成品颜色诱人。若能通过清洗、杀菌处理直接用作沙拉等生食，能最大限度地保护其营养和色彩。动物性原料，如虾、蟹、一些贝类等烹调恰到好处，会产生诱人的红色，同样让人垂涎欲滴。

（2）合理搭配原料，优化、美化菜点。单一原料可以使菜点显得整齐、清爽，而合理搭配、组合原料，更能使成菜色彩丰富，悦目宜人。比如红烩牛肉、什锦炒饭、水煮鱼片、荷塘小炒等，不仅克服了单一原料使成品色彩单调的不足，而且使成菜增添了生机和活力。自助餐的一组菜点，更要合理进行色彩组合，餐台才会精彩纷呈，给就餐宾客美不胜收之感。比如可用碧绿的豉油炝芥蓝搭配金黄的咖喱牛肉、红亮的无锡排骨，以及红、绿、白、黑相间的荷塘小炒。

（3）科学烹制菜点，创造诱人色泽效果。菜点原料本身色彩欠佳，通过添加适当品种和数量的调料，再经精心烹调，准确把握火候，成品会显得色泽明亮，芳香诱人。比如糖醋排骨、东坡肉烧到恰到好处时汁稠味厚，酱红光亮，芳香四溢；北京烤鸭、金红化皮乳猪焙烤到位，色泽红亮，香气袭人。

怎样使
菜肴增香

2. 刀工整齐，造型美观 自助餐菜点，大部分是先经过刀工处理，再烹调出品；也有些菜点是在烹调成熟后，再切割装盘的，如香酥鸭、烤猪柳、千层油糕等。不管是何种烹调装盘次序，自助餐成品都应展现整齐的刀工和美观的造型。

（1）原料运用刀工恰当，切割成型整齐如一。区别原料性质，选用不同的刀工技法，以保证经过刀工处理的原料均匀整齐。原料切割后，可以是块、段、条、丝、丁、粒等形状，但同一菜点里的原料必须形状统一，大小统一。这样一是美观，原料整齐统一，可以显示酒店厨艺高超；二是便于菜点烹制入味和成熟一致；三是方便客人取食。

（2）装盘造型美观。自助餐菜点都是集中、分类装盘，供客人零散取食。每单位的菜点数量都比较多，因此装盘更应注意美观。无论是将菜点装入玻璃碗、木钵、银盘、镜盘，还是保温汤炉、保温平底锅，固体菜点都应做到饱满、匀称，排列整齐，方便客人取食，如蒜香排骨、香煎小黄鱼、贝蓉炖水蛋等都应整齐码放，切不可乱堆、空架。液体菜点、甜品，如西湖牛肉羹、番茄鸡蛋汤、赤豆元宵等，首先，应装入深底的汤锅、汤钵，同时应注意不可装太满、太浅，以防取食时不小心溢出，或还未取食，勺即触底，使客人感觉不悦。

3. 营养配伍，均衡全面 自助餐菜点应品种丰富，种类齐全，营养均衡，在菜单制订及菜点组合方面要注意以下两点。

（1）应有富含各种人体需要营养素的菜点品种。人体所需的营养素主要有蛋白质、脂类、碳水化合物、矿物质、维生素等，有的原料蛋白质含量丰富，如大豆类制品、鱼虾产品、肉类；有的原料富含维生素，如色彩艳丽的时鲜果蔬等。自助餐菜点应包含富含各种营养素的菜点，如有些酒店的自助餐早餐，往往只提供面点、粥、酱菜类食品，缺少绿色蔬菜、时鲜水果，或缺少动物蛋白，这往往使早餐难以做到营养均衡，应充实相应品种的菜点。

（2）富含各种营养素的原料其烹制方法和口味应丰富多彩，以适应不同宾客的饮食习惯。自助餐菜点既要由富含不同营养素的原料烹制，同时各种原料的烹制方法、成品口味、质地特征还要丰富多彩，这样才能使宾客真正选择到既满足自身营养要求，又符合自己口味的菜点。比如生蚝，蛋白质含量丰富，用于生吃鲜嫩无比，但其腥味和滑嫩的质地又使很多人难以接受。时鲜蔬菜是人体维生素的主要来源，用作沙拉、生拌食用，营养损失最少；用作堂灼，现灼现食，维生素破坏也较少；若炒后装盘，再待自助餐宾客慢慢取食，则维生素损失严重。但若片面追求营养素的保全，制作的菜点不能适应自助餐宾客的口味需求，同样也是徒劳的。

4. 批量生产，质量不减 用作自助餐供应的菜点，在成品质量保持上有特殊要求：其质量尽可能在短时间内不要发生明显变化。

（1）菜点适宜大批量生产、制作。自助餐菜点不像零点、宴会单个烹制、即刻食用，它往往是同期烹制、集中出品，多人分时段取食。因此，制订自助餐菜单必须选择适宜集中、批量生产、制作的菜点，如红焖猪排、豆瓣鱼块、脆皮凤尾虾等；而像炸煎堆（空心麻球）、文思豆腐羹等费时或不便批量制作，难以保持成品形状、质感的菜点一般不宜选用。

（2）菜点色泽、口味质地，不随出品时间而变化。菜点质量通常都随出品时间的延长而下降，自助餐应尽量选用对时间、火候要求比较宽限的菜点，以保证出品时的菜品色泽和口味质地。因此，自助餐不宜选用拔丝菜肴、汤包等菜点。

5. 适应面广，众人爱食 自助餐菜点应针对比较广泛的宾客群体，选择为大多宾客喜爱接受的品种，有些形状怪异或烹制奇特，容易引起女士、孩童或较多宾客畏惧的菜点不宜选用，如带皮的蛇等。若是专为某团体举办的自助餐，则更应研究就餐宾客的饮食习惯、口味偏好，设计菜单更要强调针对性，确保菜点受欢迎程度高。

6. 原料成本和生产制作、劳务成本适宜 自助餐特点决定了其销售价格不宜太贵，因此，保证自助餐经营获利的前提便是用作自助餐菜点的原料成本和生产制作、劳务成本都不能太高。

（1）自助餐菜点原料成本要低。自助餐菜点一般原料使用量都比较大，原料成本若居高不下，售价则难以控制；售价不菲则用餐者少，自助餐经营难免入不敷出。而要降低自助餐原料成本，一是在选购原料时尽量不买精贵稀少品种，二是在加工制作时用尽用足原料，提高原料出净率、涨发率和出菜率。

（2）自助餐菜点生产劳务成本要低。自助餐菜点生产批量大、出品快，客观上不容许繁琐复杂；从生产成本的控制上也不允许投入过多劳动力，应追求低成本、快节奏生产出品。因此，做工复杂，费时、费力，特别精细的菜点一般不宜使用。

（3）低成本运作，不等于没有卖点。原料低成本，生产低消耗，快出品，并不意味着自助餐全是普通的、家常的菜点；没有特色、卖点的自助餐也是难以经营的。自助餐菜点系列里不妨安排少量流行、名声大、吸引力强、成本较高的菜肴或点心，以增加其号召力，吸引宾客，但总体成本必须均衡，确保可以调节控制。

（四）自助餐的优点

（1）可以免排座次。正规的自助餐，往往不固定宾客的座次，甚至不为其提供座椅。这样一来，既可免除座次排列之劳，又可以便于宾客自由地进行交际。

（2）可以节省费用。因为自助餐多以冷食为主，不提供高档的菜肴、酒水，故可大大地节约主办者的开支，并避免了浪费。

（3）可以各取所需。参加自助餐时，宾客碰上自己偏爱的菜肴可以自行取用，完全不必担心他人会为此而嘲笑自己。

（4）可以招待多人。需要为多人提供饮食时，自助餐不失为一种首选。它不仅可用以款待数量较多的来宾，还可以较好地处理众口难调的问题。

（5）就餐形式可以分为座式和立式两种。

（6）就餐地点可以在室内也可以在室外。

（五）自助餐宴会服务

自助餐宴会一般人数较多，规模较大，菜品种类丰富。其服务内容与程序如下。

1. 餐前准备工作

（1）当宴会厅经理接到自助餐宴会单后，首先要根据就餐人数对本部门员工进行合理调配。

开餐前 2 小时必须巡检

（2）宴会厅经理会同厨师长，根据宴会规模和菜品的标准，确定布台的大小，并画出草图，同时选定装饰物（如鲜花、冰雕、黄油雕等）。

（3）按照草图拉出台形。整个布台要高矮起伏、错落有致、色彩鲜艳、色调明快，要与宴会主题相呼应。

（4）准备与就餐人数相应的餐具，如大餐盘、筷子、大刀叉、甜食刀叉等。若有汤的话，还要准备汤碗、汤勺；若客人预订了香槟或餐后酒，除了准备果汁杯、啤酒杯、红葡萄酒杯、白葡萄酒杯，还要准备香槟杯和白兰地杯等。

（5）准备保温热菜的布菲炉若干，根据早餐、中餐、晚餐及自助餐形式的不同提供酒精盒、固体酒精（酒精蜡），布菲炉加热板，电加热、电磁加热设备等。并准备分叉、分勺、食品夹、蛋糕铲等供客人取拿菜点的公共用具。

（6）将以上餐具、用具准备好后，洗涤清洁，码放在布台的固定位置上，以方便宾客取用。餐盘放在冷菜台和热菜台的一角；大刀叉要用口布包好，放在托盘里，置于大餐盘旁边；甜食盘和甜食刀叉则放在甜食台上；酒杯等均整齐放在酒吧台上。

（7）在宴会开始前的规定时间内，厨房准备的各种菜品要摆放在菜品台上。同时由服务员提前开启布菲炉电加热开关并选择好温度与时间；如果使用固体酒精加热，应由服务员点燃布菲炉下面放置的 3 个固体酒精盒中最里面的一个，以使热菜保温。此时，服务员还要摆放好取拿各种菜品的用具。

做好菜肴温度控制

（8）宴会开始前约半小时，宴会厅经理召集全体人员开会，明确分工，提出要求及注意事项。

(9) 客人到来前10分钟，要有4～5个服务员手托托盘，准备好饮料和酒水，站在餐厅入口处。

2. 不设座位的自助餐宴会服务程序

(1) 当客人到来，手托饮料或酒水的服务员即上前问候，并由宾客自选饮料，做到人手一杯。当大部分宾客进入餐厅后，门外只留2～3人继续迎候，其余服务员则手托饮料或酒水在客人中间走动。他们既可继续为客人提供饮料，又可回收客人用过的杯子，以保持场地整洁。

(2) 宴会正式开始，主人讲话时，服务员不能走动、说话，但须有一名服务员准备两杯酒水站在讲台附近，以备主人敬酒使用。

(3) 主人讲话完毕，宣布宴会开始，服务员应即刻将布菲炉上的盖子打开，并将盘子、刀叉等递给宾客使用。进餐开始，服务员要随时注意回收用过的餐具并送至后厨，后厨安排专人负责处理、清洗。

(4) 宴会进行到一定时间，若布菲炉使用酒精盒时，服务人员要格外注意布菲炉下固体酒精的燃烧情况。同时要注意餐具、酒具使用情况，随时补充，并保持与后厨的联系，及时补充需要的菜品。对宾客的意见和询问要耐心听取和解答。

(5) 当大多数宾客进食得差不多时，正是饮料和酒水需求的高潮。此时，服务员应频繁为宾客添加。这样做，既能给宾客留下良好印象，又能增加销售额，可谓一举两得。

(6) 宴会接近尾声会有宾客陆续离开会场，此时，应有一名服务员站在门口向宾客致谢。主管人员应备好账单，以备主人结账。

(7) 当宾客全部离开后，及时关闭布菲炉电加热开关；若使用固体酒精应首先熄灭固体酒精，组织人员撤台，清理场地。菜品送回厨房，餐酒具送总务处清洗并收回。

(六) 自助餐菜单案例

1. 某酒店小型自助餐菜单

中汤：滋补龙凤汤。

西汤：海鲜周打汤。

刺身：三文鱼刺身、龙虾刺身。

沙拉：法式海鲜沙拉、特色水果沙拉。

热盘：竹节虾两食、牛油香草龙利柳、美国西冷牛排、海鲜金粟松子鲜百合、扒去骨春鸡、鲍贝片扒菜胆、锡纸生蚝、油泡鲈鱼球、泰式炒花蟹、XO酱爆墨鱼仔、香豉蛏子皇、清水居特色炒饭、蒜蓉蒸扇贝、香草鲜三文鱼意粉、红酒烩乳鸽、公司三明治、金牌蒜香骨、瑞士芝士火腿卷。

甜品：各式蛋糕、鲜果盘、芝麻汤圆。

饮品：香槟、特色红酒、鲜榨果汁、汽水、红茶。

价格：每位128元，40人以上接订，70人以上可获9.5折优惠。

Note

2. 某酒店大型自助餐菜单（自助晚餐）

（1）冷菜间出品：西式冻肉镜台、中式拼盘、沙拉（各色蔬菜）、水果沙拉、大虾鸡尾酒杯、金枪鱼沙拉、土豆沙拉、鸭舌、土笋冻（泥蒜冻）、胶冻、白切黄鸡、卤水鸭、鸭肫、凤尾鱼、糯米枣、双吃腰果、泰式凤爪、生醉虾菇、生吃龙舟（北极甜虾、海蜇头、三文鱼、澳洲青口、赤贝、生蚝，配柠檬、日本芥末、日本酱油）、雕刻组拼一副。

饮料：牛奶、酸奶、柠檬汁、橙汁、可乐、雪碧、苏打水。

水果：西瓜、哈密瓜、香蕉、葡萄、提子、柚子、龙眼、柿子、火龙果、橙子。

寿司卷：虾、蟹柳、八爪鱼、北极贝。

（2）明档出品：

①捞面档：

a. 面条、米粉、馄饨、珍珠丸子。

b. 鸭肫、牛百叶、猪肝、咸菜、肉丝、蛋丝、紫菜、虾丸。

c. 生菜、茼蒿、香菇菜、高山白菜、豆芽、金针菇。

d. 鲜鱿鱼、温州鱼丸等。

②生煎档：

a. 本地牛柳、鱼排、墨鱼排、小明虾、黄金糕、马蹄糕、羊肉串、爆田鸡。

b. 玉兔包、烧卖、莲蓉包、叉烧包、豉味排骨、广式凤爪、姜汁猪舌、蚝油猪耳、盐水肫片、鸡心、牛肚、蒜味田鸡、猪脚、猪心等。

c. 生煎配汁四款（黑椒汁、蘑菇汁、红酒汁、茄汁）。

（3）热菜出品：

①五款煲仔：原味骨头煲、正宗金针土鸡煲、群菇煲羊肚、白云猪手煲、咸味煲鱼骨。

②汤类：俄罗斯菜汤、冬蓉蟹肉羹、甜汤。

③热菜：清葱葱油本地黄鱼、梅花药膳炖九节虾（竹筒）、海鲜双拼（花螺、扇贝）、日本烤河鳗、柠檬焗鳕鱼、珊瑚芙蓉、香蒜牛仔骨、炸芝麻鹌鹑、苹果猪排、京都炸鸡翅、香橙烤肥鸭、鹊巢百合腰果带子、荷叶蒸田鸡、蚝油北菇菜胆、干蒸盘菜、菠萝蛋炒饭、海鲜炒意粉。

（4）蛋糕、面包、点心：南瓜饼、老婆饼、水果布丁、天鹅泡芙、拿破仑饼、香橙派、树头蛋糕、法式杂饼、香蒜法包、小软包、柳酥、曲奇饼干、水果蛋挞、萝卜丝酥饼、黑白森林蛋糕、油炸冰激凌、黄金豆腐、仙草蜜。

（七）自助餐厅的布置

（1）自助餐厅的布置应具有独特的个性，并能以其鲜明的形象给客人留下深刻的印象，同时也与其菜肴相映生辉。例如，水晶宫似的海鲜自助餐厅、反映本地风土人情的民俗自助餐厅以及具有乡土气息的田园自助餐厅等。

（2）根据特别活动而设的自助餐应按主题进行布置，并将主题作为指导思想，体现于餐厅装潢、背景布置、餐台装饰和食品展示等方面。

（3）有可能成为自助餐主题的节日，如七夕节、元旦、春节等，应根据节日的色彩和形象标志物布置餐厅，将其作为餐饮促销的大好时机。

（4）许多当地举行的活动和公众感兴趣的事情，如体育比赛、音乐活动、文化艺术活动等也都可以成为个性鲜明的自助餐主题和有影响力的销售推广活动。此外，各种展览、订货会和其他商业活动都给餐饮业提供了机会。这一类型的自助餐还可以由公司赞助，用其产品的标志作为突出主题的装饰。此外还可以安排演出、时装秀等。

案例：自助餐厅布局

（5）装饰布置所选用的材料也应为所推出的主题服务，墙壁背景、屏幕、盆栽、旗帜和其他装饰物都可以作为招揽生意的手段。空调风能够使旗帜和悬挂物随风飘动，现代声光系统更可以使自助餐厅有声有色、栩栩如生。

（6）餐具和陈列的容器也可以别出心裁，除常用的瓷器、玻璃器皿外，还可用竹器、木器、贝壳等能起点缀作用的容器。

（7）在灯光的使用上，一般用聚光灯和强烈的灯光使食品能够清楚展示，自助餐台是餐厅内的焦点，应明亮显眼。

（八）自助餐台摆台设计

（1）大型自助餐为保证客人迅速、顺利取菜，一般设一个中心食品陈列桌和几个分食品陈列桌，以便分区并保证人流的畅通。

（2）在食品陈列桌旁留有合理的空间。通常平均一个人所需的空间距离约为 30 厘米，所以在设计时应该考虑在一个特定的时间内供应品种的多少和所能接待的宾客数量，否则周转很慢，宾客将排队在桌旁等候。

（3）除了完整的自助餐台外，也可以将一些特色菜分立出来。这些分立的台面布置也应独具匠心。

（4）自助餐台有各种形状，如长方形、圆形、椭圆形、半圆形和梯形等，可以根据场地来选择，也可将不同形状的台面进行组合。

（5）在餐台上铺上台布，然后围上桌裙，这样会显得华丽、整洁，也更受宾客的欢迎。桌裙的长度离地约 2 厘米，要能遮住桌脚。站立式自助餐的圆台子也应用桌裙。

（6）在自助餐陈列台的后面应留有空间进行布置、渲染气氛，可放置特色菜，也可搭出一个“空中花园”。

（7）自助餐台的中央一般布置大花篮，用雕塑、烛台、鲜花、水果等饰物点缀，填补空白，增强效果。

（九）自助餐菜肴的陈列

自助餐台的食品陈列应该按事先制订好的计划摆放，总的来说须根据菜单上的顺序以及宾客取食习惯进行排列。

（1）宾客的餐盘摆在自助餐台的最前端，整齐地堆放在一起，站立式自助餐在盘边还可有一个夹杯托，以便宾客将酒杯安放在盘上。

（2）沙拉、开胃品、熏鱼和其他冷食一般是厨师精心美化的主要对象。

（3）热蔬菜、烤炙肉以及其他热主菜，通常用暖锅保温，整齐摆放。

（4）与上述菜品搭配的汤汁、调料和装饰物应与其摆放在一起，如沙拉汁。

（5）甜食和水果等可以单独设台，也可以用分格子大盘装盛。

（6）为降低成本，对各类菜品的摆放位置亦有讲究：如将成本较低的热主菜放在引人注目的地方，这样客人就会因为盘中放满了热主菜而少用价格更昂贵的食品；有时，自助餐还分两部分进行，客人先吃冷菜，然后吃热菜，这样对热主菜的消费量便会降低。

（7）分成各个点和块的食品陈列区可以有不同国家和地区的特色菜，这是自助餐的又一特点，所选用的菜肴大多是中外并蓄。如果要渲染气氛，也可以让服务员穿特色服装进行服务。

（十）自助餐工作流程图

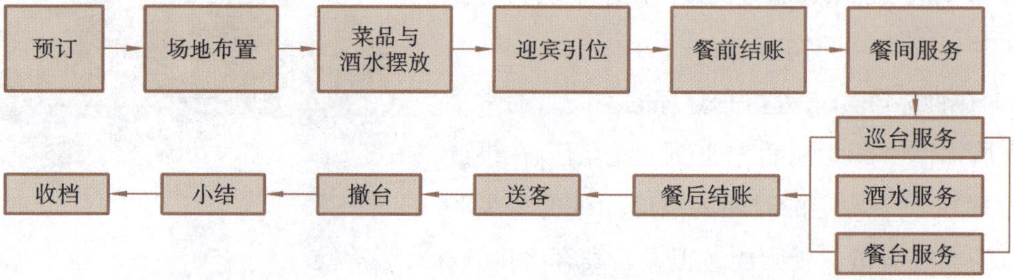

三、制订实训计划

根据实训项目内容和要求，讨论并填写综合实训任务计划书。

<table>
<tr><td>实训项目</td><td colspan="3">小型会议自助餐综合实训</td><td>宴会开餐时间</td><td></td></tr>
<tr><td>实训班级</td><td colspan="3"></td><td>指导教师</td><td></td></tr>
<tr><td>实训任务</td><td colspan="5"></td></tr>
<tr><td>实训地点</td><td colspan="5">□冷菜厨房　□热菜厨房　□面点厨房　□宴会餐厅</td></tr>
<tr><td>实训岗位</td><td colspan="5">水台、砧板、打荷、上杂、炒锅、冷菜、面点、划单传菜、餐厅服务</td></tr>
<tr><td rowspan="7">实训组织</td><td>人员分工</td><td>姓名</td><td>人数</td><td colspan="2">主要任务</td></tr>
<tr><td>总负责人</td><td></td><td></td><td colspan="2"></td></tr>
<tr><td>冷菜组</td><td></td><td></td><td colspan="2"></td></tr>
<tr><td>热菜一组</td><td></td><td></td><td colspan="2"></td></tr>
<tr><td>热菜二组</td><td></td><td></td><td colspan="2"></td></tr>
<tr><td>面点组</td><td></td><td></td><td colspan="2"></td></tr>
<tr><td>服务组</td><td></td><td></td><td colspan="2"></td></tr>
<tr><td rowspan="7">实训步骤及内容</td><td>实训步骤</td><td colspan="3">工作内容</td><td>学时分配</td></tr>
<tr><td>第一步</td><td colspan="3">布置任务：</td><td></td></tr>
<tr><td>第二步</td><td colspan="3">制订计划：</td><td></td></tr>
<tr><td>第三步</td><td colspan="3">工作准备：</td><td></td></tr>
<tr><td>第四步</td><td colspan="3">任务实施：</td><td></td></tr>
<tr><td>第五步</td><td colspan="3">实训评价：</td><td></td></tr>
<tr><td>第六步</td><td colspan="3">总结反思：</td><td></td></tr>
<tr><td>批准实施</td><td colspan="5">总厨建议：
经审核，实训计划可行，同意按本计划实施。
签字：</td></tr>
</table>

进入工作准备

一、宴会服务准备

（一）了解开餐前餐厅服务准备工作流程

掌握客人信息及要求→餐具、用具准备→宴会摆台和布置→环境卫生与整理→工作台摆放饮料及服务用具→准备菜单→准备迎宾

（二）填写宴会服务准备任务单

<table>
<tr><td>实训项目</td><td colspan="3">小型会议自助餐综合实训</td></tr>
<tr><td rowspan="10">工作任务</td><td colspan="3">宴会服务准备细则</td></tr>
<tr><td colspan="3">提示：</td></tr>
<tr><td rowspan="2">宴会服务准备工作流程</td><td colspan="2">检查及评价</td></tr>
<tr><td>完整准确</td><td>不完整</td></tr>
<tr><td>1. 了解客人需求</td><td></td><td></td></tr>
<tr><td>2. 个人卫生及形象符合标准</td><td></td><td></td></tr>
<tr><td>3. 准备餐具</td><td></td><td></td></tr>
<tr><td>4. 自助餐铺台</td><td></td><td></td></tr>
<tr><td>5. 熟悉菜单和菜肴特色</td><td></td><td></td></tr>
<tr><td>6. 餐前短会</td><td></td><td></td></tr>
<tr><td>反思</td><td colspan="3">遇到的问题及解决办法：</td></tr>
</table>

（三）自助餐布置的追求

自助餐非常注重进餐的环境和气氛，为了让宾客在进食的过程中得到视觉上、味觉上的美妙体验，甚至是精神上的愉悦，自助餐的布置与设计具有十分重要的意义，可通过以下五方面突出自助餐的美感。

（1）协调美：协调统一是创造美感的先决条件。首先，在各层面的装修和家具、灯具的设计中，应注意与整个酒店的风格相呼应，并体现自助餐主题特点。可巧妙地利用墙壁的背景、布景、椅子、栅柱、棕榈盆景、彩旗及活动装置，使餐厅达到色彩和形式的统一。其次，根据自助餐的特定主题，利用背景装饰、餐桌布置及食品陈列来表达，也可以利用其他形式将主题深化，如播放主题音乐，开展主题娱乐活动，进行主题抽奖等。假如是公司或团体包场而举办的自助餐，可利用与公司或团体有关的物品作为主题装饰物，如公司的商标、产品等。

（2）层次美：有序、有层次的自助餐台通常会给人一种整洁、舒适之感。食品应分类摆放，一般自助餐台的食品可以分为以下几类：冷菜、热菜、甜品、主食、小吃、烧烤、饮料和现场制作类。同时应该注意菜品之间的距离和顺序，最好将热菜和冷菜分开放置，若将生鱼片和热菜混杂一桌，不但影响气味，更会破坏美感。同时应有效地利用有限的空间，在排列菜品的时候要分层次地摆放，离宾客较远的食物放在高处，离宾客近的放在低处，做到错落有致，方便宾客挑选和拿取。将餐桌中央的显眼位置垫高，摆放一些卖相诱人的菜式，如三文鱼、生蚝、龙虾等，以吸引宾客的注意。

（3）简洁美：布置自助餐桌的基本原则是只将有用的物品摆上桌。除非有充裕的空间，否则一切装饰物品都应该撤掉。在桌子中央摆上一束鲜花固然赏心悦目，但是用餐末甜点或水果装饰则更为可取。如果桌上的东西已经显得拥挤，最好撤走蜡烛台。如果蜡烛必不可少，使用枝状大烛台会比普通小烛台好得多。因为，大烛台光线效果好，比较稳当，不易被路过的客人碰倒。在保证有足够的空间以便摆放菜品的情况下，尽量减少餐桌占用的公共空间，否则有可能会导致顾客排队拿取食物，甚至会发生拥挤的情况。

（4）色彩美：色彩对整个餐桌的布置起着举足轻重的作用，如白色绸缎桌布配银色大烛台，显得正式而精致。如果桌心装饰是铜质的碗釜，可在里边盛满红色和黄色的水果；秋季可以盛放西葫芦、番茄和南瓜等，或者铺一张绿色或黄色的桌布让整体气氛温暖动人。而春季则需要用柔和的粉红、鹅黄或浅绿来装点。色彩对突出菜品的视觉效果同样具有不可忽视的作用。如在蔬菜沙拉上撒上鲜红的番茄片或整颗小番茄，可使原来平淡无奇的沙拉格外地引人注目。此外，两个并排的菜品颜色不能重复或类同，尽量选择反差比较大的颜色搭配在一起，同样可以起到突出的效果。

（5）自然美：自然、真实的摆设除了能让顾客有身临其境的感觉外，还可使顾客食欲大增。当要推荐一些乡村田园风味食品的时候，可以饰以粗织的麻布以营造田园氛围；也可以用瓷质的取菜盘配格子花纹的桌布，再摆放些水果作为装饰。如果在放满水果甜品的餐台上，以挂有香蕉的“香蕉树”来装饰，必定会吸引众人的目光。此外，各菜碟之间的空隙还可以摆放一些牛尾草、冬青等装饰用植物或柠檬树叶及果实花木等，不但装饰了自助餐台，还使菜品的色彩搭配更加协调。

二、厨房工作准备

（一）了解厨房工作流程

开档→完成菜肴加工组配→完成菜肴半成品加工→完成菜肴烹制→成品装盘与整理→收档

（二）填写厨房准备工作页及自查表

实训项目	小型会议自助餐综合实训	自检及评价	
工作过程	冷菜厨房设备用具准备（实训人填写）	规范	欠规范
	检查设备：		
工作过程	备齐用具：		
	热菜厨房设备用具准备（实训人填写）	规范	欠规范
	检查炉灶设备：		
	检查炉灶用具：		
	炉灶试火、试水安全通畅：		
	调料用具：		
	面点厨房设备用具准备（实训人填写）	规范	欠规范
	检查设备：		
	备齐用具：		
	安全卫生（实训人填写）	规范	欠规范
	重视安全与卫生：		
	规范垃圾分类与处理：		
反思	所有规范要求是否做到，如有遗漏，请分析原因。		

检查人： 时间：

（三）填写菜肴原料准备工作页

实训项目	小型会议自助餐综合实训		工作评价	
工作过程	菜肴名称	冷菜原料准备	齐全规范	欠规范
	冷菜 1	主料		
		配料		
		调料		
		过程		
	冷菜 2	主料		
		配料		
		调料		
		过程		

续表

实训项目	小型会议自助餐综合实训		工作评价	
工作过程	菜肴名称	热菜原料准备	齐全规范	欠规范
	热菜 1	主料		
		配料		
		调料		
		过程		
	热菜 2	主料		
		配料		
		调料		
		过程		
	热菜 3	主料		
		配料		
		调料		
		过程		
	热菜 4	主料		
		配料		
		调料		
		过程		
	菜肴名称	面点原料准备	齐全规范	欠规范
	面点 1	主料		
		配料		
		调料		
		过程		
	面点 2	主料		
		配料		
		调料		
		过程		
反思				

检查人：　　时间：

制作与服务

一、了解厨房制作与餐台服务工作衔接程序

信息沟通→餐前检查→接单确认→菜品烹调→装盘检查→划单传菜

（一）自助餐服务规范

自助餐一般是会议用餐，根据用餐人数准备餐具，在宾客到来前 15 分钟将菜上齐，并加以保温。领位员站在餐厅门口，迎接宾客，询问宾客是否用餐（或收餐券）并记录人数，然后将宾客带到餐厅。在宾客用餐过程中，随时根据人数添加菜品。客人到齐后，与会务组核对人数，做好收款结账准备。送宾客，收拾餐桌，将剩菜统一收集，餐具统一进行洗涤、消毒，整理台面。

师傅点拨

自助餐食品安全

（1）所有自助餐的即食冷食必须保持在 8 ℃以下，不可在室温下陈列超过 1 小时。

（2）自助餐陈列的食物均应每隔 1 小时更换一次。

（3）不可以在长时间陈列的食物上直接添加新鲜的食物。

（4）应将盛放即食冷食的器材设备温度设定在 8 ℃以下，以保持食物的温度恒定。

（二）填写中餐厨房划单传菜工作页——跟单指挥与划单传菜

序号	项目	时间节点	操作内容	工作评价	
				齐全规范	欠规范
1	准备用具		（1）		
			（2）		
			（3）		
2	准备调料		（1）		
			（2）		
			（3）		
3	卫生整理		（1）		
			（2）		

续表

序号	项目	时间节点	操作内容	工作评价	
				齐全规范	欠规范
4	了解订餐情况并传递相关信息		(1)		
			(2)		
			(3)		
			(4)		
5	开餐前的检查		(1)		
			(2)		
			(3)		
6	岗前站立		(1)		
			(2)		
7	传递点菜单		(1)		
			(2)		
			(3)		
			(4)		
			(5)		
8	控制上菜节奏		(1)		
			(2)		
			(3)		
			(4)		
			(5)		
			(6)		
9	确认菜品		(1)		
			(2)		
			(3)		
			(4)		
10	出菜		(1)		
			(2)		
			(3)		
11	撤单		(1)		
			(2)		

（三）填写划单传菜岗位退菜、换菜、催菜操作程序

序号	工作内容	操作内容
1	退菜处理	（1） （2）
2	换菜处理	（1） （2）
3	催菜处理	（1） （2） （3）

二、填写菜肴制作工作页

每道菜肴填写 1 份。

<table>
<tr><td>实训项目</td><td colspan="2">小型会议自助餐综合实训</td><td>宴会开餐时间</td><td></td></tr>
<tr><td>本人任务</td><td colspan="4">工作岗位：菜肴烹制</td></tr>
<tr><td rowspan="2">实训地点</td><td colspan="2" rowspan="2">□冷菜厨房 □热菜厨房 □面点厨房 □宴会餐厅</td><td colspan="2">自检评价</td></tr>
<tr><td>齐全规范</td><td>欠规范</td></tr>
<tr><td rowspan="6">操作步骤</td><td>1</td><td>水台：</td><td></td><td></td></tr>
<tr><td>2</td><td>砧板：</td><td></td><td></td></tr>
<tr><td>3</td><td>组配：</td><td></td><td></td></tr>
<tr><td>4</td><td>烹制菜肴：
（1）
（2）
（3）</td><td></td><td></td></tr>
<tr><td>5</td><td>监督打荷：</td><td></td><td></td></tr>
<tr><td>6</td><td>提醒打荷传菜：</td><td></td><td></td></tr>
<tr><td>完成情况</td><td colspan="4"></td></tr>
<tr><td>反思改进</td><td colspan="4">1. 列出关键工艺：
2. 找出不足，提出改进措施：</td></tr>
</table>

师傅点拨

技能园地——中餐厨房工作流程

上班做事第一桩，检查当日备货箱；规定时间去出库，物品数量要记详。
先入先出有规定，领来调料加料缸；送来货物先检验，把好质量第一关。
砧板冰箱常清洗，生熟分开要牢记；卫生标准要坚持，食物中毒要防止。
餐前准备最重要，主厨负责监督好；费时食品先预制，开餐以后不动刀。
荷台小料准备足，重要物品勿忘掉；根据需要搬餐具，荷台整洁别潦草。
鲜花绿叶准备好，菜品装盘很重要；油气燃料提前备，上菜速度保证了。
分单走菜有学问，先后顺序调配好；凉先热后主食备，特殊要求准备好。
先荤后素鱼中间，传菜后厨配合好；石锅铁板保证烫，出品统一不变样。
防蝇防物防头发，勤洗澡来勤理发；餐后收尾要彻底，水电燃气检查好。
虚心求教学手艺，厨德要比厨艺好；师傅楷模树立起，辱骂学徒万不要。
苦点累点无怨言，和谐气氛最重要；学习进取求创新，激情活力保持好。
尊师重友团结牢，未来大师德才高。

三、宴席餐中服务

（一）了解自助餐宴席服务流程

站立迎宾→照顾入席（座）→随时撤台→随时清理自助餐台面→上菜服务（随时补充菜点）→随时解决宾客就餐问题→征求意见，礼宾送客

（二）填写自助餐宴席餐中服务工作页

<table>
<tr><td>实训项目</td><td colspan="2">小型会议自助餐综合实训</td><td>宴会开餐时间</td><td></td></tr>
<tr><td>本人任务</td><td colspan="4">□站立迎宾　□照顾入席　□随时撤台　□随时清理自助餐台面　□上菜服务（随时补充菜点）　□随时解决宾客就餐问题　□征求意见，礼宾送客</td></tr>
<tr><td rowspan="2">实训地点</td><td colspan="2" rowspan="2">宴会餐厅</td><td colspan="2">自检评价</td></tr>
<tr><td>齐全规范</td><td>欠规范</td></tr>
<tr><td rowspan="2">服务步骤（填写任务、规范、标准）</td><td>1</td><td>站立迎宾：</td><td></td><td></td></tr>
<tr><td>2</td><td>照顾入席（座）：</td><td></td><td></td></tr>
</table>

续表

实训项目	小型会议自助餐综合实训		宴会开餐时间	
服务步骤（填写任务、规范、标准）	3	随时撤台：		
	4	随时清理自助餐台面：		
	5	上菜服务（随时补充菜点）：		
	6	随时解决宾客就餐问题：		
	7	征求意见，礼宾送客：		
完成情况	自查情况、监督员质量监督情况：			
反思改进	服务难点、服务技巧、不足改进：			

（三）自助餐服务

1. 热情主动　自助餐服务员应主动问候宾客，为宾客拉椅让座。对于老年人、儿童、妇女和贵宾，以及行动不便的宾客，或不熟悉餐厅情况，或不愿意自己取菜的宾客，都应该主动上前征求宾客的意见，为他们拿取可口的菜品和酒水饮料。在开餐后一段时间，应该不断巡视服务区域，以便随时发现宾客的需求，为其提供快速、有效的服务。

2. 勤巡餐台

（1）经常巡视就餐台，如有宾客使用过的餐盘、杯子、空饮料罐、餐刀、餐叉、餐勺等，应在征求宾客同意后，及时用托盘将它们撤走，并送至洗涤间交后厨清洗。

（2）不断巡视收餐台，尤其是立式自助餐时。一旦发现有宾客使用过的酒杯、饮料杯、餐巾纸和空盘等，应立即将它们清空，一方面可以提高餐具周转速度，另一方面可使收餐台始终保持整洁干净，使宾客感到舒畅。

（3）保持地面清洁。及时将宾客掉落在地上的菜块、餐巾纸等物清除干净，但要注意宾客用餐时，不能用扫帚，只能用手来捡取。

（4）热情诚恳、随机应变。解答宾客的疑问，帮助他们解决困难；能做到眼疾手快，头脑灵活，及时发现突发事件并汇报上级主管。

（5）善始善终：①当宾客就餐完毕后，礼貌致谢并道别。②提醒宾客不要遗忘自己的物品。③立即清理餐台，将所有用过的餐具、杯具用托盘送至洗涤间；将脏台布撤下卷在一起，注意不要把台布上的骨刺碎屑抖落在地上。立即按照自助餐厅的要求重新摆台，准备迎接下一批宾客的到来。

（四）自助餐服务时注意事项

（1）根据计划和要求布置餐厅，座式自助餐要摆台，要求和正餐相似，保持餐厅内清洁、整齐。

（2）高级的自助餐厅常在宾客拿取食物前就把开胃品和汤送到宾客的桌上。饮料、面包和黄油也是由服务员送到餐桌上，服务的规格和正餐一致。

（3）不设座位的自助餐则将餐具、面包、黄油、甜点和饮料摆放在自助餐台上，标准是宾客用的餐具放在最前端；面包、黄油等放在最后端。开胃品、饮料和甜点可以分别在几处设台，以加快服务速度，避免拥挤。

（4）对保温食物的暖锅和电热炉要留心照顾，经常检查、添加燃料。要使食物保持冷却的，必须有冰块，盛冰块的碗要时常更换。点燃的蜡烛要保持笔直、不流蜡。暖锅和蜡烛都应保持一定的距离，以免发生意外。菜盘和其他器皿也应距桌边 10 厘米左右。

（5）自助餐台旁应配备一名厨师来照顾餐台，其主要工作有：向宾客介绍、推荐和分送菜品；分切大块的烤肉；整理餐台，保持美观；及时更换和添加菜盘；检查设备，保持食品温度适宜；回答宾客问题；及时为宾客提供帮助。

（6）当陈列盘有三分之一空位时，应及时补充或更换新盘，否则会让宾客感觉食物不丰盛。

（7）保持足够数量的冷热菜盘以及各种服务用具和口布等。

（8）如果宾客采用自取自烹的火锅式自助餐，服务员要负责为宾客准备火锅，打开开关并告知宾客一些特殊食品的做法，并提供各种调料，随时加汤和斟酒。

（9）大块牛排和整只火鸡的切割分派是一项技术工作，带有表演性质，服务员或厨师在操作时要注意食物的分量、形状和装盘方式等。

（10）在餐厅发生意外，如客人打翻盘子时，服务员要迅速帮助处理，将打翻在桌上的食物立即收到空盘内，除去污迹，再盖上清洁的餐巾；如有打翻在地上或地毯上的食物，要立即通知有关人员清洗，在此之前可先盖上一块餐巾，以免其他客人踩踏。

（11）管理人员应时常检查现场的服务运转情况，协调厨房与餐厅的工作，及时处理各种突发事故，使自助餐顺利进行。

四、收档及整理

（一）自助餐餐厅整理工作任务

（1）宾客起身离席后，及时检查座位和台面，送还宾客遗留物品。

（2）宾客离开后，按顺序撤台，清点物品；整理清扫后台服务区域，清理工作台、工作车等用具。将宾客留有剩饭剩菜的餐盘整理好，撤回洗涤间。做好卫生，关闭电器设备。

（3）宾客离开后，迅速恢复台面，做翻台准备工作。注意：动作要快、翻台后要标准化摆台。

（4）妥善保管陈列台的装饰品。

（5）检查责任区内的电器设备是否关闭；检查责任区内的饰品是否完好；检查责任区的卫生是否合格；检查盘点结果是否有误。

（6）离开时，与换班人员做好交接工作。

（7）做好结账收尾工作。宾客要求结账时，要迅速用收银盘递上账单。宾客付钱时，要注意识别真伪，当面点清。

（二）厨房收档工作任务

参考鲁菜风味家宴综合实训内容。

（三）填写收档工作页及自查表

实训项目	小型会议自助餐综合实训	工作评价	
		规范	欠规范
收档工作记录	冷菜收档		
	热菜收档		
	面点收档		
	宴会服务收档		
反思			

检查人：　　　时间：

组织实训评价

一、宾客满意度评价

评价内容	非常满意（10分）	满意（8分）	一般（6分）	有待改进（4分）
厨房服务（请宾客分项打“√”并提出宝贵建议）				
菜肴味道				
菜肴色泽				
菜肴外形				
菜肴口感				
菜肴卫生				
餐厅服务（请宾客分项打“√”并提出宝贵建议）				
服务态度				
服务用语				
环境布置				
菜单介绍				
服务规范				
您对宴会服务和菜品质量的建议：				

二、综合实训评价

职业综合能力评价						
评价要素	优秀（10分）	良好（8分）	合格（6分）	教师评价（30%）	小组互评（30%）	自我总结及评价（40%）
仪容仪表						
沟通能力						
解决问题能力						
卫生、安全						
总分						

拓展练习

Note

项目十四 西式自助餐制作与服务

本项目教学课件

视频：田园生菜沙拉配意大利酱汁

视频：酿馅蘑菇

视频：萨拉米风干肉肠

视频：金枪鱼薄脆

视频：烟熏鸭胸

综合实训目标

1. 初步了解西式自助餐文化。
2. 掌握西式自助餐菜肴组配和菜单制订方法。
3. 能够依据西式自助餐菜点品种及规模进行自助餐台设计及摆台。
4. 能够在规定时间内，熟练运用拌、酿、腌、熏、烤、烩、炒等烹饪技法，按照西式自助餐工作流程完成冷菜、热菜、面点的制作任务。
5. 后厨能够与前厅服务岗位配合，完成西式小型会议自助餐“O”形餐台摆台及待客服务。
6. 在实践中感悟西式自助餐烹饪文化，在菜点制作和服务实践中培养应急应变的能力，积累工作经验，体验团队合作、精益求精的精神和真实的工作过程。

明确实训任务

某科技公司拟举行一年一度的创新技术交流会，午餐定于本公司员工餐厅举行。用餐人数大约 150 人，客人来自全国各分公司。开餐时间定于中午 11：30。用餐形式为西式小型会议自助餐，总厨制订了“一冷四小吃一汤四热两西点”的菜单，标准为 100 元 / 位。请餐饮服务团队在规定时间内完成准备、制作等服务，为客人献上一台取食快捷、营养均衡的西式小型会议自助餐。具体菜单如下。

冷菜	田园生菜沙拉配意大利酱汁
小吃	酿馅蘑菇　萨拉米风干肉肠　金枪鱼薄脆　烟熏鸭胸
汤	意大利蔬菜汤
热菜	德式烤猪肘　咖喱鸡腿面　俄式炒牛柳　炒鸡蛋卷
西点	海绵杯子蛋糕　香葱火腿玉米面包

制订工作方案

一、分析任务

填写任务分析单（参考中式自助餐制作与服务内容填写）。

二、知识技能准备

（一）自助餐的演变

据考证，自助餐最早起源于8—11世纪北欧的斯堪的纳维亚半岛，那时的海盗每当有所“收获”就会聚餐以示庆贺。但海盗不熟悉也不习惯当时西欧的用餐礼节和规矩，于是便自创了这种到餐台上自选、自取食品及饮料的吃法。其后将这种就餐形式文明化、规范化，并丰富了吃食的内容，形成了今日的自助餐。很多西方专业自助餐厅现在还冠以“海盗”二字，缘由于此。

自助餐的形式由餐前冷食、早餐逐渐发展成为午餐、正餐；由便餐发展出各种主题自助餐，如情人节自助餐、周末家庭自助餐、婚礼自助餐、美食节自助餐等；按供应方式，由传统的客人取食菜桌成品发展到客前现场烹制、现烹现食，甚至还发展为由顾客自取食物原料，自烹自食的“自制式”自助餐。

自助餐是由东京帝国酒店首创，其将所有料理放在一桌，客人依据喜好取食，这种形式在当时十分流行。随着西餐传入中国，自助餐的就餐形式自然随之传入我国。这种就餐形式最早出现在20世纪30年代外国人在中国开的大饭店里，但它真正与中国的老百姓接触，是在20世纪80年代后期，随着中国对外开放，新兴的旅游合资宾馆、酒店将自助餐推广到大众餐饮市场，自助餐以其形式多样，菜品丰富，营养全面，价格低廉，用餐简便而深受消费者喜爱。

星级酒店的自助餐一向以就餐环境、餐具卫生状况好而著称。所以无论是公司举办招待会还是进行大型宴请，往往会采用自助餐的形式。自助餐可选择的菜品少则五六十种，多则上百种，选择余地较大，而且对就餐时间一般没有明确限制。当然，吃自助餐也是有讲究的，应尽可能坚持少取、多样的原则。这对酒店来说避免了食品的浪费，对就餐者来说则增加了选择机会。

（二）西式自助餐

西式自助餐有时亦称冷餐会，它是国际上所通行的一种非正式的西式宴会，在大型的商务活动中尤为多见。它的具体做法是，不预备正餐，而由用餐者随意在用餐时自行选择食物、饮

视频：意大利蔬菜汤

视频：德式烤猪肘

视频：咖喱鸡腿面

视频：俄式炒牛柳

视频：炒鸡蛋卷

视频：海绵杯子蛋糕

视频：香葱火腿玉米面包

料，然后或立或坐，自由地与他人在一起或独自一人用餐。自助餐之所以称为自助餐，主要是因其可以在用餐时调动用餐者的主观能动性，自己帮助自己，自己在既定的范围之内安排选用菜品。至于它又被叫作冷餐会，则主要是因其提供的食物以冷食为主。当然自助餐也会提供一些热菜，或者提供一些半成品由用餐者自己进行加工。

自助餐菜点内容：各种自助餐虽然看似没有差别，但实际上还是各有不同的。根据标准的不同，档次也有很大的差别。一般自助餐的菜品大多是西餐中的焖、烩、煮类菜肴，再配上沙拉、面包、甜点、饮料等。

第一道菜为头盘。基本上是具有特色风味的，以咸、酸味为主的菜。

第二道菜是汤，包括浓汤、蓉汤和清汤。

第三道菜一般为鱼类菜肴，其可显示一个餐厅档次的高低。一般餐厅所用原料包括各种淡水鱼、海水鱼，而档次较高的餐厅，则以空运进口鱼类为多。

第四道菜是肉禽类菜肴，也称为主菜。有牛肉、羊肉、猪肉，也有鸡、鸭、鹅等，可煮、可炸、可烤、可焖。牛排、羊排等肉禽的新鲜度和烹调口味也同样体现自助餐厅的档次和水平。蔬菜类菜肴一般安排在肉禽类菜肴之后，也可以与肉禽类菜肴同时食用。

第五道菜为甜品，一般是在主菜之后食用的，有果冻、薄饼、冰激凌等。

小贴士：

高档餐厅的烧菜占比较少，甚至没有，有些餐厅会安排厨师现场制作一些烧烤类菜品，供客人现点现食，以保证火候和新鲜度。

（三）西式小型会议自助餐工作流程图

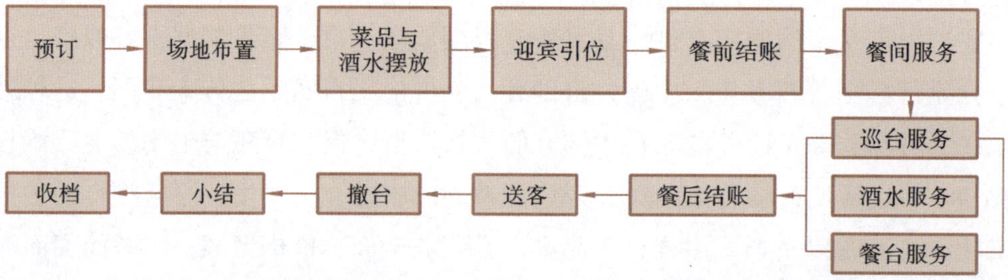

设座位的自助餐宴会服务程序：设座位的自助餐宴会的台面装饰及食品、用具等与不设座位的自助餐宴会相同，不同的是其需要布置餐桌。大刀叉、甜食叉勺等均要摆放在餐桌上，还需摆放面包盘、水杯、胡椒盐盅、餐巾等。其服务程序如下。

（1）在客人到来之前，给水杯注满冰水，准备好饮料，分派好服务员的服务范围。

（2）客人走进餐厅应主动问候，并拉椅让座，询问客人意见并为其斟倒饮料或酒水。

（3）客人进餐时，服务员应做到眼勤、腿勤、手勤。待客人吃完盘里的食品，服务员应把大刀叉拿起放在面包盘上，然后拿走空盘，切忌将盘子摞在一起。

（4）若客人前去取甜食，服务员应将空盘连同大刀叉、面包盘撤下，并将甜食叉勺以左叉右勺的顺序放在适当位置上，中间隔一甜食盘距离。

Note

（5）客人取甜食回来，应询问客人是否需要咖啡或茶，如有需要，应将糖盅、奶盅及咖啡具摆放在客人的右手边，倒入咖啡或茶。

（四）大型会议自助午餐策划方案

某公司拟举行一年一度的油田技术交流会，午餐定于本公司食堂举行。用餐人数大约 250 人，客人来自全国各大油田。开餐时间定于中午 11：30，用餐形式为自助餐，标准为 80 元 / 位。利率为 30% ～ 35%。

1. 指导思想　客人来自全国各地，饮食口味各不相同。针对此情况，公司决定采用自助餐的用餐形式。自助餐的优点：一是在菜式方面可以安排得多样化，供客人随意挑选。二是一人一套餐具，没有公用餐具，卫生、方便，可降低疾病传播风险。三是按需取食，可有限减少浪费，控制成本。四是客人可随意走动，方便交换意见和交流感情。

2. 自助餐菜单设计　在设计自助餐菜单时，要预测目标客人所喜欢的菜品类别，提供相当数量的菜品。首先，设计几道本地特色菜，以便客人领略异乡风味。其次，根据客人的口味特点设计，如可为喜爱江浙口味的客人设计一些江浙菜；为喜爱闽潮风味的客人设计一些闽菜；为喜爱云贵川特色的客人设计一些湘菜和滇菜，供其自由选择。

西餐菜单构成

3. 会议自助餐菜点结构　会议自助餐菜点主要包括以下七类：冷盘菜类、汤类、热菜类、主食类、甜点类、水果类、饮料类。

4. 菜点结构

（1）冷盘菜类。

潮式盐水鸭、凉拌牛腱、西湖醉鱼、五彩蜇丝、脆椒木耳、乳瓜蘸酱、话梅芸豆、生拌苦菊。

（2）汤类。

极品土鸡煲人参、东北杂菌汤。

（3）热菜类。

葱烧海参、油焖大虾、碧绿炒澳带、煎银鳕鱼、精排炖油豆角、吉利牛柳串、川味辣子鸡、黑椒牛仔骨、姜汁芥蓝、酱泼小磨豆腐。

（4）主食类。

什锦扬州炒饭、大豆玉米发糕、奶香小花卷、馅饼。

（5）甜点类。

草莓蛋糕、青红丝酥饼、巧克力曲奇、煎东北黄米豆包。

（6）水果类。

橙子、提子、哈密瓜、猕猴桃、西瓜。

（7）饮料类。

可乐、雪碧、草莓汁、苹果汁、矿泉水、红茶、绿茶、红葡萄酒、白葡萄酒。

5. 制订自助餐菜单注意事项

（1）根据自助餐的主题和客人组成，拟订自助餐食品结构及比例。自助餐菜单设计要突出特色，具有一定的主题风味。

（2）根据自助餐消费标准，设计菜单并选定原料。详细列出每道菜点所用原料，核算成本并进行调整，确定菜点盛器，规定装盘及盘饰要求。

（3）选用能大批量生产且数量和质量稳定的菜品；热菜尽量选用能加热保温的品种；尽量选用能反复使用的食品。选用大众化的食品，避免使用口味过分辛辣刺激的或原料很怪异的菜品。

6. 准备原料采购单及成本核算 按 250 人就餐准备原料采购单。（略）

成本核算方法如下。

（1）原料成本：11390 元。

（2）油耗及调味品：20 元 / 道 ×20 道＝ 400 元。

（3）主食及甜点：4 元 / 人 ×250 人＝ 1000 元。

（4）饮料：4 元 / 人 ×250 人＝ 1000 元。

合计：13790 元（不包括人工、燃料等成本）。

利润：250 人 ×80 元 / 人－13790 元＝ 6210 元。利润率：6210 ÷ 20000×100% ≈ 31%。

7. 自助餐台的设计 自助餐台可根据餐厅的面积大小进行设计，如条形台、方形台、“U”形台、圆形台等，但都必须遵循以下标准。

（1）餐台铺台的质量标准：铺台布，设台裙；台布压缝，整洁美观；台高一般控制在 80 厘米为好。

（2）台裙自然下垂，距地面 5 厘米，美观，有展示效果。

（3）餐台旁边客用餐具分类集中摆放整齐，客人取用方便。

（4）餐台前面客人取菜活动空间宽敞，其宽度不小于 2 米。

（5）正式开餐前 10 ～ 15 分钟布置餐台，摆放各种菜点。

（6）菜点摆放有凉菜、热菜、大菜和汤类三层，从外向内顺序排列，餐具逐步加托垫增高，有层次感，各类菜点疏密排列得当，热菜、汤菜宜加盖。

8. 自助餐服务 自助餐服务，应强调方便客人，强化主动服务意识。

（1）迎接客人：客人来到餐厅门口，应主动热情迎接，接挂衣物。引导客人入座或到自助餐台取餐具、菜点；客人用餐结束，主动征求意见，递还衣物，告别客人，欢迎再次光临。

（2）用餐巡视：客人用餐过程中，服务员应主动巡视，积极回答客人的咨询或疑问；随时补充自助餐台菜点，保证热菜温度；适时整理客人餐桌，保持干净、整洁；烟灰缸随时撤换，烟头不超过 3 个；客人用餐结束，主动告别，迅速清理台面，撤换餐具；3 分钟内布置好餐桌或餐位，方便新客人用餐。

（五）自助餐台的设计原则

价廉物美，供应便捷，菜品多样，这些特点促使自助餐成为受大众喜爱的用餐方式之一。不少传统的中西式餐厅也逐渐在经营模式中加入了自助餐形式，比如固定时段内开放甜品自助、冷饮自助等服务，除了经济实惠，自助餐形式也改变了餐厅的环境与客人用餐时的氛围，是提升餐厅人气的好手段。

在自助餐厅设计中最为重要的就是自助餐台的摆放，为了能让客人体验到自助餐厅独有的轻松流畅、自我服务的用餐氛围，自助餐台必须将琳琅满目的各色佳肴井然有序地呈现在客人眼前，满足不同客人对食物多样性的需求。此外，餐台的摆放还要使餐厅在布局上显得合理而美观。自助餐台的设计原则如下。

1. 便捷性 自助餐台是客人自我服务的主要场所，因此首要考虑的就是客人取餐的便捷性。岛台，也称“O”形台，是呈现一家餐厅核心美味的餐台，它是客人最常光顾的区域，所以岛台的位置选择很重要，既要显眼也要合理。通常设计师会将岛台安排在餐厅的最中央，这样就能照顾到餐厅各个角落的顾客。此外，岛台的设计风格也有讲究，繁重复杂的外观并不适合岛台，因为在这里各式的美味佳肴才是主角，为了不影响顾客对食物的判断，岛台的设计风格应该以时尚简约为主，突出它与美食的主次之分。

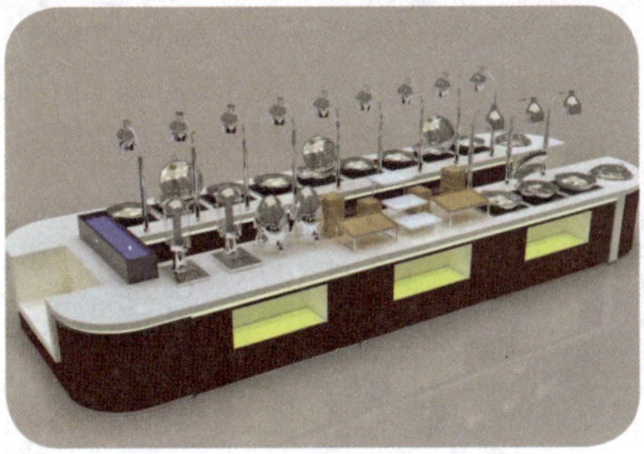

2. 协调性 自助餐的自我服务模式中另一个特点就是客人走动多，几乎每时每刻都会有人在餐厅内走动，因此设计师必须合理安排动线，并预留足够的空间。合理的动线取决于有序、有层次的自助餐台摆放，一般自助餐厅提供的食物可以分成以下几类：沙拉、热盆、甜品、主食、饮料和现场制作类等。将食物归类摆放在不同的餐台上是减少客人因盲目寻找食物而“绕弯路”的好办法。同时设计师还要注意餐台之间的顺序和距离。比如，冷食餐台放在动线入口处，然后是热食餐台、主食餐台等，按用餐顺序依次排列。餐台与餐台之间的距离也应该控制好，不要让食物的气味混杂在一起而影响客人的食欲。

此外，不同类型的餐台设计还能将有限的空间有效地利用起来，“I”形台是最基本的台型，一般靠墙摆放，用餐高峰时则拖出来独立摆放，便于客人从两边同时取餐。“L”形台则是由两个长台拼成，一般放于餐厅的角落。餐厅的立柱也能加以利用，在立柱四周围上餐台，就能形成一个四面开放的取餐区域，在区域内可以摆放一些简单的餐具或调味品。

3. 细节设计 除了餐台的摆放，在设计过程中还有一些细节需要注意。比如照明设计，餐台上方的光线必须充足，否则再美观的菜肴也无法第一时间抓住客人的眼球，适当的灯光设计还能为美食增添观赏性，但切忌使用彩色灯光，它会改变菜肴颜色，从而影响客人的食欲。

此外，安全防护设计也很重要，自助餐厅内的流动性较大，且客人手中还端着盘子，所以餐厅地面一定要干净、防滑，服务员在给餐台补给食物时也应留意，不要在地上留下水渍或油渍，避免客人滑倒。还要考虑到其他设施可能对客人造成的潜在伤害，例如桌面、台面的硬角，客人在取餐时注意力都集中在食物上，所以这些地方都是应该增加防护措施的。

自助餐厅的形式是多元化的，中式与西式之间、不同主题之间对餐台的布置要求也不同，在设计时须根据具体情况而定。

（六）自助餐台设计形式

自助餐台设计形式多样，可参考下图。

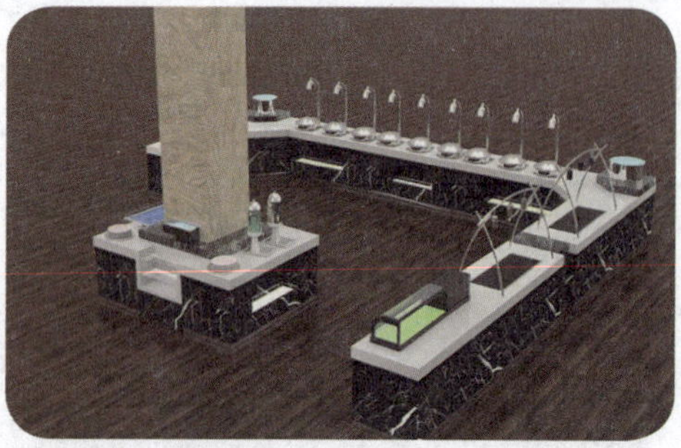

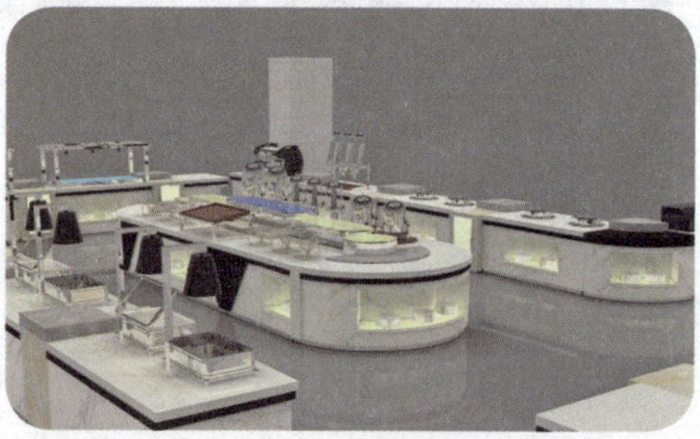

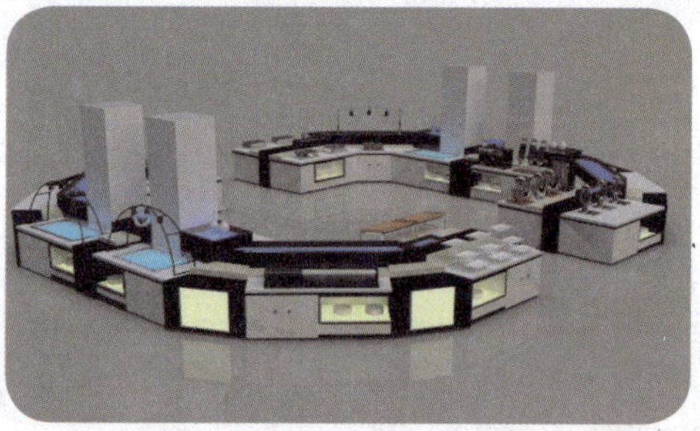

（七）自助餐菜点摆放原则

（1）餐盘放在自助餐台最前端，立式自助餐的餐盘边通常还夹有一个夹杯托。

（2）通常按客人取用习惯摆放菜点，如先冷菜后热菜。

（3）注意保持菜点应有的温度。

（4）菜肴的配料应与菜肴摆放在一起。

（5）特色菜、甜食、水果、酒水一般单独设台。

（6）掌握摆放技巧，控制成本。

4-2-8

（八）西餐菜肴知识

1. 西餐特点　西餐菜肴品种繁多，主料突出，营养丰富，讲究形色，味道鲜香，供应方便。西餐主要特点如下。

（1）选料精细，要求严格。

西餐选料极为精细，在质量和规格上均有严格要求，如牛肉要选用黄牛肉、仔牛肉和乳牛肉，羊肉要选用乳绵羊肉等。

（2）调料考究，品种多样。

西餐所用调料十分考究，往往需用多种调料烹制一种菜肴。西餐常用酒作为调料，并根据所做菜肴特点选择适宜的酒，常用的有白兰地、葡萄酒等。

（3）小量操作，工艺细腻。

西餐大多以份为单位，习惯于单位操作，如煎牛排应限量煎制，现吃现煎。

（4）讲究营养，注意卫生。

烹饪技术——低温慢煮

西餐在营养成分方面有一定的规格标准，要求畜、禽、水产、蔬菜和水果等必须做到合理搭配。冷菜食品要求极为严格，保存时间不宜过长。

（5）调味沙司与主料分开烹制，不同的菜肴烹制不同的沙司。

（6）西餐烹调方法有煎、焗、炸、炒、烤、烩、烘、蒸、熏、炖、煮、铁扒等，其中铁扒、烤、焗在烹调中更具特色。

为什么牛肉加黑胡椒特别提味?

（7）注重肉类菜肴的老嫩程度，特别是以牛肉、羊肉等为主料的菜肴。服务员在点餐时，必须问清客人的需求，厨师会按客人的口味进行烹制。

2. 西餐主要菜系及特点

（1）英式菜：油少、口味清淡，菜量少而精，调料很少用酒，以蒸、煮见长。

名菜有薯烩羊肉（irish stow）、野味派（game pie）、冬至布丁（plum pudding）、烧鹅苹果（roast goose apple sauce）等。

（2）美式菜：咸里带甜，烹调方法与英式菜大致相同，铁扒较为普遍，常用水果作菜肴的配料。

名菜有丁香火腿（ham with cloves）、美式火鸡（American turkey）、沃尔多夫沙拉（Waldorf salad）等。

（3）法式菜：选料广泛，加工精细，烹调考究，滋味有浓有淡，烹调技术精细。调味用酒十分讲究，严格规定什么菜用什么酒。讲究生吃，重视蔬菜。

名菜有马赛鱼羹（bouillabaisse）、巴黎龙虾（Paris lobster）、红酒山鸡（baked pheasant with red wine）、奶油千层酥（creamy puff pastry）。

（4）意大利菜：味浓，讲究原汁原味，烧烤菜较少，以炒、煎、炸、烩、红焖等烹调方法著称。意大利面条和比萨独具风格，驰名世界。

名菜有通心粉素菜汤（minestrone）、比萨（pizza）等。

俄式菜特点

（5）俄式菜：选料很广，除畜禽外，野味、水产均为主要烹饪原料。油大、味浓、菜量大而实惠。俄罗斯人喜食酸、甜、辣、咸，因此，在烹调中多用酸奶油、奶渣、柠檬、辣椒、酸黄瓜、洋葱、小茴香、香叶作调味品。

名菜有红菜汤、俄式饺子、鱼子酱、白塔鸡卷等。

（九）西餐的组成

1. 头盘 头盘也称开胃品或开胃菜（appetiser），一般数量较少。头盘分为冷头盘和热头盘两种，分别由冷制和热制食品制成，如生蚝、黑鱼子酱、法式焗田螺等。

2. 汤类 汤类（soup）分为冷汤类和热汤类两种。要求原汤、原色、原味。热汤又可分为清汤和浓汤，如法式洋葱汤、奶油汤等。

3. 沙拉 沙拉（salad）具有开胃，帮助消化和增进食欲的作用。沙拉可分为三种：水果沙拉、素菜沙拉（味淡、爽口，适用于中、晚餐伴随主菜一起食用）和荤菜沙拉（多用于冷盘，可单独作为一道主菜食用）。

4. 主菜 主菜（main course）又称主盘，是全套菜的灵魂，制作考究，既要考虑色、香、味、形，又要考虑菜肴的营养价值，多用海鲜、禽畜作主料，采用炸、焗、烘、烤、煮、蒸、烧等方法制作。

5. 奶酪和甜点　主菜用完后即为甜点（dessert）。如有奶酪（cheese），要先吃奶酪，奶酪跟配黄油、面包、芹菜条，调味用胡椒、盐等。甜点有冷热之分，是客人享用的最后一道菜肴。

（十）西餐与酒水的搭配

西餐中，酒水与菜品的搭配有一定的规律。总的来说，色、香、味淡雅的酒应与色调冷、香气雅、口味纯、较清淡的菜肴搭配，香味浓郁的酒应与色调暖、香气浓、口味杂、较难消化的菜肴搭配，在难以确定时，可选用中性酒类。

（1）餐前酒：用餐前选用具有开胃功能的酒，如鸡尾酒、软饮料等。

（2）汤类：一般不配酒，如有需要可配雪莉酒或白葡萄酒。

（3）头盘：选用低度干白葡萄酒，如法国勃艮第白葡萄酒等。

（4）海鲜：选用干白葡萄酒或玫瑰红酒。

（5）肉类、禽类：选用 12 ～ 16 度的干红葡萄酒，鸡肉等白色肉配酒精度不太高的酒，牛肉、羊肉、火腿等红色肉配酒精度较高的酒。

（6）奶酪类：一般选用较甜的葡萄酒，也可继续使用跟配主菜的酒。

（7）甜食类：选用甜葡萄酒或葡萄汽酒。

（8）餐后酒：可选用甜食酒、蒸馏酒和利口酒等，也可选用白兰地、爱尔兰咖啡等。

（9）香槟可在任何时候配任何菜肴饮用。

（十一）西餐服务规则

（1）面包：服务时上面包盘和黄油刀，置于餐位左侧。早餐面包跟配黄油、果酱，中、晚餐面包跟配黄油。

西餐服务知识

（2）煮鸡蛋：放在蛋盅内上桌，跟配胡椒、盐、茶匙。

（3）煎蛋、炒蛋：按左叉右刀顺序摆放餐具，热盘盛放，跟配胡椒、盐。

（4）玉米片：用汤盆或大碗盛放，使用汤勺，跟配糖、奶。

服务礼仪

（5）咖啡和茶：咖啡需准备咖啡杯、垫碟、咖啡勺，跟配糖、奶。茶需准备茶杯、垫碟、茶勺，红茶跟配糖、奶。

（6）海鲜鸡尾杯：准备鸡尾酒杯、勺、叉，跟配鸡尾酒和调味沙司。

（7）法式田螺：左手边放田螺夹，右手边放田螺叉，跟配法式干面包。

（8）意大利面条：按左勺右叉顺序摆放餐具，热盘盛放。

（9）沙拉：可作为冷头盘，也可跟配主菜或作为主菜。

（10）龙虾：餐位左边摆放龙虾钳、小叉，右边摆放小刀、龙虾叉，跟配小碟、洗手盅。

（11）牛排、羊排：提供牛排刀、主叉。

（12）奶酪：小盘盛放，提供甜食刀叉，跟配黄油、面包、苏打饼、芹菜条、椒盐。

三、制订实训计划

根据实训项目内容和要求，讨论并填写综合实训任务计划书（参考中式自助餐制作与服务内容填写）。

进入工作准备

一、宴会服务准备

（一）了解开餐前餐厅服务准备工作流程

掌握客人信息及要求→餐具、用具准备→宴会摆台和布置→环境卫生与整理→工作台摆放饮料及服务用具→准备菜单→准备迎宾

（二）填写宴会服务准备任务单

参考中式自助餐制作与服务内容填写。

二、厨房工作准备

（一）了解厨房工作流程

开档→完成菜肴加工组配→完成菜肴半成品加工→完成菜肴烹制→成品装盘与整理→收档

（二）填写厨房准备工作页及自查表

参考中式自助餐制作与服务内容填写。

（三）填写菜肴原料准备工作页

参考中式自助餐制作与服务内容填写。

制作与服务

一、了解厨房制作与餐台服务工作衔接程序

信息沟通→餐前检查→接单确认→菜肴烹调→装盘检查→划单传菜

（一）西餐自助餐服务流程

（1）接受客人订席。

（2）接受点叫及服务餐前饮料或餐前酒。

（3）接受点菜。

（4）接受点叫餐中酒。

（5）开酒。

（6）服务酒类。

（7）取菜。

（8）服务菜肴。

（9）提供餐间服务。

（10）清理餐桌。

（11）接受点叫及服务饭后点心、饮料或酒。

（二）自助餐服务工作标准

1. 准备

（1）开餐前半小时做好一切准备工作。

（2）自助餐台的食品要上齐并加热，打开餐厅门，领位员站在门口迎接客人，服务员站在桌旁面向门口。

2. 迎接客人

（1）客人进餐厅时，应主动与客人打招呼、问好，为客人拉开座椅。

（2）客人坐下后从右侧为客人铺餐巾。

3. 服务饮料　询问客人需要何种饮料，注意从右侧服务。

4. 开餐服务

（1）客人开始用餐后，服务员要随时将客人用过的空餐具撤下。

（2）随时为客人添加饮料，更换烟灰缸。

（3）客人进甜食时，要将主刀、主叉、汤叉、面包刀、面包盘等餐具撤下。

（4）保持餐台的整洁，随时添加各种餐具和食品。

5. 上咖啡和茶

（1）客人开始进甜食时，要上咖啡和茶。

（2）先将糖盅、奶罐准备好，摆在桌上。

（3）询问客人用咖啡还是用茶，然后用新鲜的热咖啡或茶为客人服务。

6. 送客

（1）客人用餐结束起身时，要把椅子拉开，然后站在桌旁礼貌地目送客人离开。

（2）感谢客人光临。

Note

师傅点拨

服务员应做到“三轻”

三轻，即说话轻、走路轻、操作轻。递茶、上菜、撤菜时要轻拿轻放，动作要有条不紊；开、关门不要用力过猛，要始终保持餐厅安静。

（三）填写西餐厨房划单传菜工作页——跟单指挥与划单传菜

参考中式自助餐制作与服务内容填写。

（四）填写划单传菜岗位退菜、换菜、催菜操作程序

参考中式自助餐制作与服务内容填写。

二、填写菜肴制作工作页

每道菜肴填写1份（参考中式自助餐制作与服务内容填写）。

师傅点拨

技法园地——焗

油焗技法最新颖，中西结合是特色；咖喱蛋黄都能焗，人见人爱食欲旺。

油温掌握是关键，手法技巧不一般；原料选择范围广，美味佳肴自然来。

三、宴席餐中服务

（一）了解自助餐宴席服务流程

站立迎宾→照顾入席（座）→随时撤台→随时清理自助餐台面→上菜服务（随时补充菜点）→随时解决宾客就餐问题→征求意见，礼宾送客

（二）填写自助餐宴席餐中服务工作页

参考中式自助餐制作与服务内容填写。

四、收档及整理

（一）餐厅整理工作任务

（1）客人起身离席后，及时检查座位和台面，送还客人遗留物品。

Note

拓展练习

（2）客人离开后，按顺序撤台，清点物品，整理清扫后台服务区域，清理工作台、工作车等用具。搞好卫生，关闭电器设备。注意：不可大面积扫地、拖地。

（3）客人离开后，迅速恢复台面，做好翻台准备工作。注意：动作要快，翻台后要标准化摆台。

（4）检查责任区内的电器设备是否关闭；检查责任区内的饰品是否完好；检查责任区的卫生是否合格；检查盘点结果是否有误。

（5）换班时，做好交接工作。

（二）厨房收档工作任务

参考鲁菜风味家宴综合实训内容。

（三）填写收档工作页及自查表

参考中式自助餐制作与服务内容填写。

组织实训评价

一、宾客满意度评价

参考中式自助餐制作与服务内容进行。

二、综合实训评价

参考中式自助餐制作与服务内容进行。

项目十五 中西融合正餐宴会制作

本项目教学课件

视频：佛跳墙

视频：炸烹虾段

视频：叉烧包

综合实训目标

1. 熟悉中西融合正餐宴会菜肴组配知识和相关文化。

2. 学会中西融合正餐宴会位上菜服务流程。

3. 能够在规定时间内，熟练运用葱烧、煎烹、炸烹、烤等烹饪技法，按照宴席制作流程完成正餐宴会冷菜、热菜、面点的制作任务。

4. 后厨与前厅服务岗位能够熟练配合，完成中西融合正餐宴会摆台及待客服务。

5. 在实践中感悟中西融合正餐宴会烹饪文化，在菜点制作和服务实践中培养应急应变的能力，积累工作经验，体验团队合作、精益求精的精神和真实的工作过程。

明确实训任务

北京市劲松职业高中拟举办毕业生汇报展示活动。中餐烹饪专业师生接到任务，要求在学校实训酒店宴会厅完成三桌中西融合毕业汇报宴会的制作，客人30人，以学校教师、用人单位、企业专家、家长代表、优秀学生代表为主。厨师长与同学们研究后，制订了“二冷四热两面点一甜品”的中西融合正餐宴会菜单，并定于周五中午汇报用餐。请餐饮服务团队在规定时间内完成准备、制作等服务，为客人献上一台精致美味、服务周到、气氛高雅的中西融合正餐宴会。具体菜单如下。

冷盘	彩燕迎春——彩拼位上盘（叉烧肉　卤牛腱　盐水虾　日式糖醋萝卜） 油吃黄瓜（配意大利黑醋）
热菜	汤（炖盅）　佛跳墙 葱烧海参（配烧汁藜麦饭） 炸烹虾段（配烤蒜香芝士法棍） 黑椒牛柳粒（配炸薯条）
面点	叉烧包 芝士蛋糕
甜品	西米杨枝甘露

制订工作方案

一、分析任务

填写任务分析单（参考中式自助餐制作与服务内容填写）。

二、知识技能准备

（一）分餐制概述

1. 套餐　套餐是根据每位客人的进餐标准，按宴席的规格进行菜式组合，并将食物以一套的形式装盘，实行分餐制。它不受人数限制，每人一套。客人可按自己的消费标准来选择适合自己口味的组合套餐，这种食法既方便又讲究卫生。

2. 分餐制发展历史　中国早在商周时期就出现了分餐的形式，但其显著特征是对层级地位的彰显，是一种礼制。宴席呈现出的是一种气场，更能突显王侯威仪。《周礼》有载：设席之法，先设者皆言筵，后加者为席。筵长席短，筵铺陈于下，席在上，为人所坐藉。这便是针对筵宴的规格标准。

2003 年“非典”期间，中国饭店协会专门制定《餐饮业分餐制设施条件与服务规范》，但随着“非典”的结束，分餐制也逐渐被公众抛在脑后。新型冠状病毒感染暴发以来，分餐制再度成为热词。《餐饮分餐制服务指南》（GB/T 39002—2020）经国家标准化管理委员会正式发布，并于 2020 年 6 月 21 日起正式实施。

3. 社会影响　分餐制会提升餐厅成本，一些特色菜品不宜分装。多位餐饮企业负责人表示，厨师或服务员分餐的方式，势必会增加人力物力成本，且一些需要雕花、摆盘等特殊技艺的菜品需确保上菜时的完整性。因此，分餐制的推广并不顺利。然而，新型冠状病毒让越来越多的人意识到合餐存在的健康隐患，成为推广分餐制，提升“舌尖上的文明”的一次契机。餐饮业或将迎来分水岭，世界中餐业联合会和中国贸促会商业行业委员会组织起草《中餐分餐制、公筷制、双筷制服务规范》团体标准。山东省商务厅率先在全国组织制定并发布《餐饮业分餐制设计实施指南》，创新推出“分餐公勺”“分餐自取”等餐饮模式，为常态化推广分餐制奠定了基础。

（二）位上菜

西餐分菜服务

1. 位上菜定义及特点　位上菜，顾名思义就是按位上菜，一人一份的菜式。位上菜在西餐里较为常见，国内高档酒店及私房菜馆、时尚餐厅已把位上菜的概念引入中餐领域。

位上菜需要批量生产、小份供应，而批量生产的前提是中餐生产的标准化，即原料标准化、加工标准化、调味标准化和菜品成型标准化，这也意味着将进一步推进餐饮标准化与产业化相

怎样区别冷热菜

西餐餐具的组成与使用

结合。

2. 位上菜标准

（1）位上菜总量标准明确：以成人为标准，750 克为宜。其中，冷菜 100 ～ 120 克，热菜 150 ～ 200 克，汤品 100 ～ 120 克，主食 80 ～ 100 克，点心 60 ～ 80 克。

（2）菜品温度标准明确：上餐时，冷菜温度 8 ～ 20 ℃，热菜 70 ～ 80 ℃，汤品 90 ℃，主食 55 ℃，点心 55 ℃。

（3）位上菜餐具标准要求：盛器的大小应与菜点的分量相适应；样式材质应与菜点的品种相配合；色彩应与菜点的色彩相协调。

三、制订实训计划

根据实训项目内容和要求，讨论并填写综合实训任务计划书（参考中式自助餐制作与服务内容填写）。

进入工作准备

一、宴会服务准备

（一）了解开餐前餐厅服务准备工作流程

掌握客人信息及要求→餐具、用具准备→宴会摆台和布置→环境卫生与整理→工作台摆放饮料及服务用具→准备菜单→准备迎宾

（二）填写宴会服务准备任务单

参考中式自助餐制作与服务内容填写。

二、厨房工作准备

（一）了解厨房工作流程

开档→完成菜肴加工组配→完成菜肴半成品加工→完成菜肴烹制→成品装盘与整理→收档

（二）填写厨房准备工作页及自查表

参考中式自助餐制作与服务内容填写。

Note

（三）填写菜肴原料准备工作页

参考中式自助餐制作与服务内容填写。

制作与服务

一、了解厨房制作与餐台服务工作衔接程序

信息沟通→餐前检查→接单确认→菜肴烹调→装盘检查→划单传菜

西餐摆台及座次安排

（一）位上菜上菜流程

（1）采用西餐上菜顺序，具体内容如下。

①头盘：也称开胃品，一般有冷头盘和热头盘之分。

②汤：大致可分为清汤与浓汤。

③副菜（中盘）：鱼虾海鲜等水产类菜肴与蛋类、酥盒菜肴均称为副菜，配以各种专用的调味汁。

④主菜：多为肉类、禽类菜肴或高级海鲜，其中最具代表性的是牛肉或牛排；禽类菜肴，以鸡为主要原料，配以各种调味汁。

⑤甜品：在主菜后食用，可以算作是第五道菜，如中餐点心、冰激凌、奶酪、水果等。

⑥咖啡、茶或餐后酒。

⑦中西餐小吃。

酒店人必知的西餐礼仪

（2）撤盘时机。

①每上一道菜之前，应先将用空的前一道菜盘撤走。

②客人如果将刀叉呈“八”字形搭放在餐盘的两边，则表示暂时无须撤盘。

③位上菜宴会要求等所有客人都吃完一道菜后再一起撤盘。

④撤换餐具和烟灰缸：

a. 每上一道菜，就要撤换一副刀叉。

b. 待到上甜点时，应该撤去所有刀叉，并将调味品一同撤下。

c. 当宾客将刀叉合并或平行放到餐盘上，表示不再食用，一般可以撤去；如果将刀叉搭放在餐盘两侧，则不可撤去。

d. 撤换餐盘的方法：左手托盘，右手操作，从主宾的右侧撤下，分别放入盘中。

e. 撤换烟灰缸的方法同中餐。

（二）位上菜上菜要求

（1）按顺序上菜，即头盘、汤、副菜、主菜、甜品、咖啡与茶、小吃等。

（2）先斟酒后上菜。任何一道需要配饮酒类的菜品，在上桌之前均应先斟酒后上菜。

（3）上菜顺序，所有菜品上桌时均需遵循先女后男、先宾后主的顺序。上菜一般用右手

从客人右侧进行。

葡萄酒与食物搭配

师傅点拨

中西融合菜肴与酒水的搭配

餐前酒：可选用具有开胃功能的酒。头盘：用低度、干白葡萄酒。汤类：一般不用酒。如果需要，可用深色的雪莉酒或白葡萄酒。海鲜：用干白葡萄酒、玫瑰红酒。肉类、禽类：用12～16度的干红葡萄酒。甜品：用甜食酒。餐后酒：用蒸馏酒或利口酒。

（三）填写中餐厨房划单传菜工作页——跟单指挥与划单传菜

参考中式自助餐制作与服务内容填写。

（四）填写划单传菜岗位退菜、换菜、催菜操作程序

参考中式自助餐制作与服务内容填写。

二、填写菜肴制作工作页

每道菜肴填写 1 份（参考中式自助餐制作与服务内容填写）。

师傅点拨

技法园地——烧烤

烧烤菜，要记牢，食品安全最重要；明炉烤，暗炉烤，形式多样技法难。
做菜前，调酱汁，口味标准成菜快；料码味，要冷藏，腌足质嫩口感好。
植物油，靠调料，中西香料运用繁；烤鸡腿，肉厚实，迅速烤熟自然难。
切扇面，预腌制，烤熟时间就缩短；鸡翅膀，要扎孔，水分多了烤熟难。
边烘烤，边刷酱，减少时间味道鲜；烤整鱼，略风干，烤时刷油要勤翻。
巧开膛，不剖腹，背后下刀最美观；烧烤虽然非难事，温度火候是关键。
遇到问题多思考，积累经验记心间。

三、宴席餐中服务

（一）了解宴席服务流程

站立迎宾→接挂衣帽→拉椅让座→询问酒水→打开口布→斟倒酒水→通知起菜→上菜服务→撤盘服务（上新菜前）→检查并送客

（二）填写宴席餐中服务工作页

<table>
<tr><td>实训项目</td><td colspan="2">中西融合正餐宴会制作</td><td>宴会开餐时间</td><td></td></tr>
<tr><td>本人任务</td><td colspan="4">□迎接客人　□照顾入席（座）　□茶水服务　□餐巾（含小毛巾）服务
□上菜服务（含分菜）　□介绍菜肴特色　□征求意见，礼宾送客</td></tr>
<tr><td rowspan="2">实训地点</td><td colspan="2" rowspan="2">宴会厅</td><td colspan="2">自检评价</td></tr>
<tr><td>齐全规范</td><td>欠规范</td></tr>
<tr><td rowspan="7">服务步骤
（填写任务、规范、标准）</td><td>1</td><td>迎接客人：</td><td></td><td></td></tr>
<tr><td>2</td><td>照顾入席（座）：</td><td></td><td></td></tr>
<tr><td>3</td><td>茶水服务：</td><td></td><td></td></tr>
<tr><td>4</td><td>餐巾（含小毛巾）服务：</td><td></td><td></td></tr>
<tr><td>5</td><td>上菜服务（含分菜）：</td><td></td><td></td></tr>
<tr><td>6</td><td>介绍菜肴特色：</td><td></td><td></td></tr>
<tr><td>7</td><td>征求意见，礼宾送客：</td><td></td><td></td></tr>
<tr><td>完成情况</td><td colspan="4">自查情况、监督员质量监督情况：</td></tr>
<tr><td>反思改进</td><td colspan="4">服务难点、服务技巧、不足改进：</td></tr>
</table>

四、收档及整理

（一）餐厅整理工作任务

（1）客人起身离席后，及时检查座位和台面，送还客人遗留物品。

（2）客人离开后，按顺序撤台，清点物品，整理清扫后台服务区域，清理工作台，工作车等用具。搞好卫生，宴会厅恢复原样。关闭电器设备（空调、暖风）。注意：不可大面积扫地、拖地。

（3）客人离开后，迅速恢复台面，做翻台准备工作。注意：动作要快，翻台后要标准化摆台。

（4）检查责任区内的电器设备是否关闭；检查责任区内的饰品是否完好；检查责任区的

拓展练习

卫生是否合格；检查盘点结果是否有误。

（5）离开时，与同学做好交接工作。

（二）厨房收档工作任务

参考鲁菜风味家宴综合实训内容。

（三）填写收档工作页及自查表

参考中式自助餐制作与服务内容填写。

组织实训评价

一、宾客满意度评价

参考中式自助餐制作与服务内容进行。

二、综合实训评价

参考中式自助餐制作与服务内容进行。

附录

通用知识

一、宴会服务工作流程图

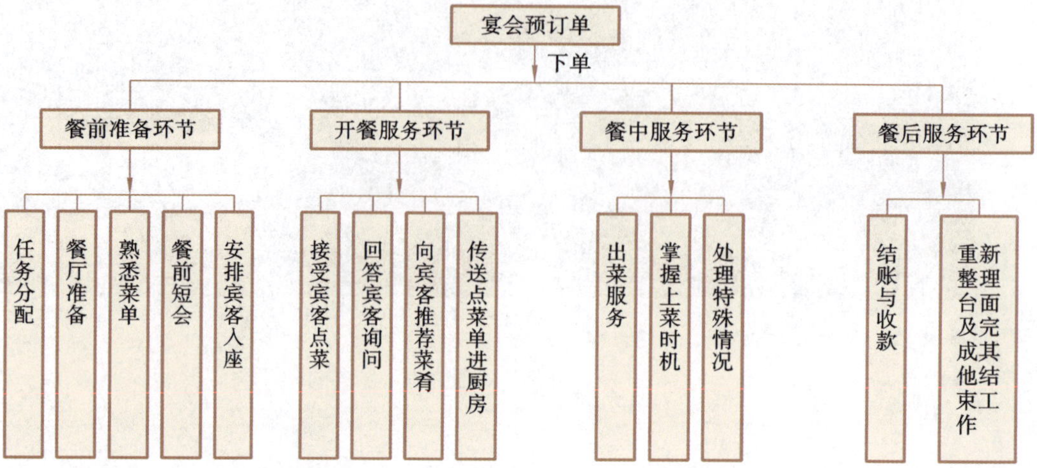

二、厨房工作流程图（宴会）

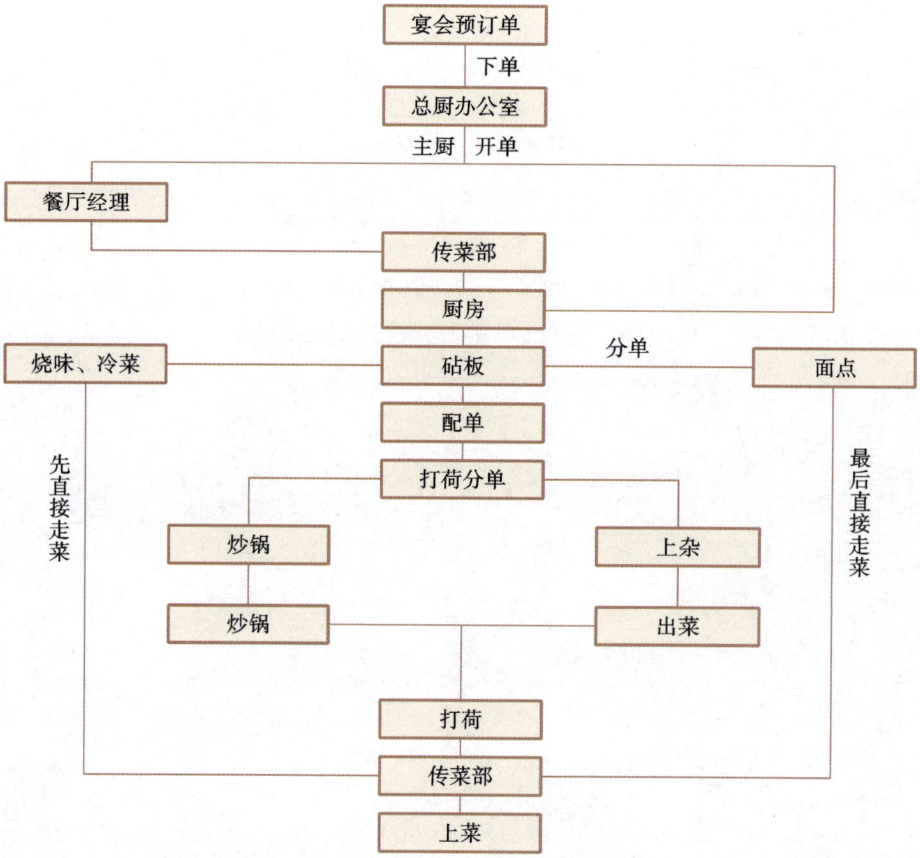

三、中餐厨房的组织结构

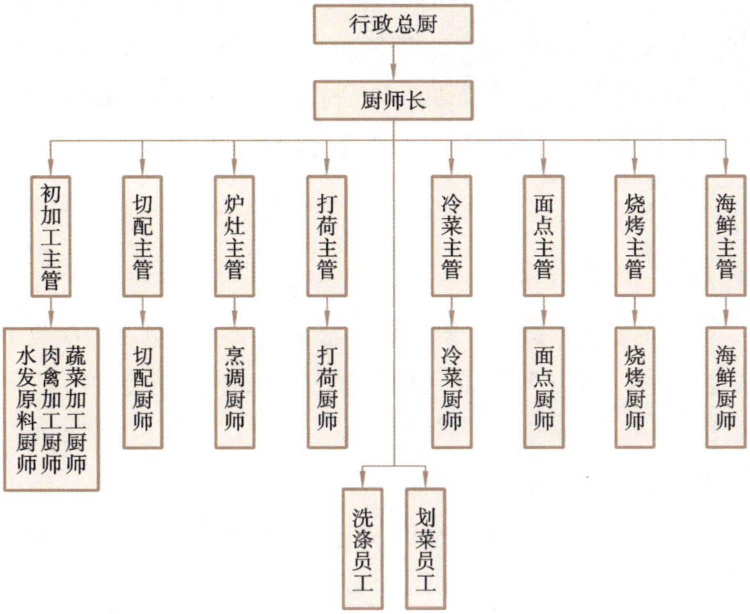

四、宴会服务知识

（一）中餐厅的服务流程

1. 引宾入席（座）　微笑迎宾，距离客人五步远时，应先点头致意，距离约三步远时，再主动上前问候客人，“您好，欢迎光临！请问您几位？”，根据客人的回答合理安排餐位。

2. 拉椅让座　双手扶椅背，轻轻拉出，客人入座前用膝盖轻推椅背向前，并请客人就座。

3. 递巾问茶　站在客人的右侧，双手拿餐巾两角，将餐巾铺在骨碟下面。站在客人的右后方，距客人一步远，语气温和，面带微笑，注视客人并询问：先生 / 小姐，请问您用什么茶，我们这里有为您准备的 ××× 茶。注意：问茶同时铺餐巾、翻茶杯、撤筷套。

4. 上小食品，倒茶　为客人呈上餐厅赠送的小食品，准备服务茶水。泡茶时冲入八分满开水，用口布叠花型放在骨碟上，茶壶放在荷花造型的口布花上，右手拿壶把，左手托骨碟，在客人右侧斟入八分满。将茶壶连同骨碟一起放在台边，壶嘴不可对着客人。

5. 点菜　打开菜单的第一页，双手呈给客人，站在客人的右下方，距客人一步远，准备好笔和本子，听清客人所点的菜，逐一记录。可向客人推荐当日特色菜，若客人赶时间可向其推荐一些制作时间短的菜肴，若客人不知如何选择可向其推荐一些别具特色的菜式，也可询问客人的饮食习惯等并据此推荐相应菜式。

推荐酒水饮料时可说：我们餐厅为您准备的饮料酒水有……语气应温和，注意礼仪，不可让客人有强买强卖之感，要让客人自己选择。

6. 重复菜单、酒水单　当客人点菜完毕，应重复客人所点的菜，以免出现错误，常用句式为：先生 / 小姐，您点的菜有……您看还需要加点别的吗？请稍等，我去帮您分单。

7. 分单　持菜单和酒水单于吧台处，将各联单据盖章后分别送到各相关部门。

8. 取酒水　如是未起瓶的白酒或清酒，要先用右手拿酒，将商标对准客人，向客人展示。此时服务员应站在宾客的右侧，左手托瓶底，右手托瓶颈，经客人同意后方可开瓶。应正确使用开瓶用具，动作准确、敏捷，开瓶时尽量减少瓶体的晃动，开瓶后的瓶盖不要放在桌上，开启时瓶口不要对准客人。

（二）中餐摆台步骤及标准

1. 仪容仪表　按规定着装，戴工号牌，面容整洁，女服务员可持淡妆上岗；精神饱满，面带微笑，站姿规范；动作大方，不拖拉；头发梳理整洁，发型符合酒店要求；手及指甲干净，并消毒。

2. 物品准备　准备宴会摆台需要的桌椅、各种餐具、酒具和物品。桌子不得有破损，桌腿要稳固不得摇动。根据宴会人数准备好椅子，椅子无任何破损，椅背、椅面不能松动。餐具、酒具要多备 1/5；所备餐具、酒具应无残缺且符合卫生标准和宴会使用要求。准备物品时要使用托盘，轻拿轻放。

3. 铺台布　台布要干净、无破损及褶皱。站在主人位的右侧，将折叠好的台布放在餐桌中央，将台布打开，找出台布正面朝向自己一侧的边缘，任选一种方法将台布一次铺成；要求台布中心凸缝向上，且对准正、副主人位，台布四周下垂部分等长。

4. 摆放转台　在规定的位置，将转台摆放在餐桌的中央，转盘的中心和圆桌的中心重合，转盘边沿离桌边均匀，误差不超过 1 厘米，并试转转盘是否旋转灵活。

5. 摆垫盘、吃盘　从主人位开始，按顺时针方向摆放，先摆垫盘，吃盘放置在垫盘上；图案对正（店徽在上方），摆放距离均等，距桌边 1.5 厘米。

6. 摆勺垫、勺　勺垫放置于吃盘正上方，与吃盘间距 1 厘米，勺垫中心与吃盘中心对齐，勺置于勺垫中，勺柄向右。

7. 摆筷架　筷子、筷架放于勺垫的右侧，将带筷套的筷子放在筷架上（筷套图案向上），以超出筷架 1/3 为准，筷子尾部距桌边 1.5 厘米，筷子与吃盘相距 3 厘米并与吃盘中心线平行；若使用多用筷架和长柄匙，应在吃盘正前方摆味碟，间距 1 厘米，筷架放于味碟右侧，将筷子、长柄匙置于筷架上，匙柄与吃盘相距 3 厘米，尾端离桌边 1.5 厘米。

8. 摆牙签　小包装牙签，放在筷子的右侧 1 厘米处，牙签距桌边 5 厘米；牙签盅放在正、副主人位筷子的右上方。

9. 摆酒具　在勺垫正前方摆红酒杯，中心要对正，杯底与勺垫相距 1 厘米；在红酒杯的右侧摆白酒杯，间距 1 厘米，左侧摆啤酒杯，间距 1.5 厘米；三杯中心成一横直线。

10. 摆盖碗　在筷子的右侧放盖碗，距筷子 2 厘米，距桌边 1.5 厘米。

11. 摆烟灰缸　烟灰缸摆放四只，分别摆在正、副主人位的右侧和左侧，距转台 3 厘米，呈正方形。

12. 摆香巾托　香巾托摆在吃盘的左侧，距吃盘 2 厘米、桌边 1.5 厘米。

13. 叠口布花　花型要能分出主次，多为植物、动物类；要一次成型，形象逼真，美观大方，并符合卫生要求；叠花完毕按要求放入啤酒杯中，位置摆放得当。

（三）斟酒

1. 斟酒的姿势与位置　侧身站在客人的右后侧，左手托盘，或者用席巾插瓶口，由主宾开始，按顺时针方向依次为客人斟酒。若同时有几种酒水应询问客人饮用何种酒水。

2. 斟酒的动作和要求　斟酒时瓶口不要搁在杯口，以防碰倒且不卫生，也不要距杯口太高，以防溅出，一般控制高度在 2 厘米左右。倒适量酒后抬高瓶口轻轻一转，以防酒水洒落。

3. 斟酒的分量　软饮料如果汁、汽水、啤酒等斟八分满，烈酒类斟 3/4 满，葡萄酒类斟 2/3 满，洋酒类以 1 盎司为准。

4. 斟酒服务的注意事项

（1）掌握倾斜度，控制流速。

（2）斟有泡沫的酒应沿杯壁流下，或分成两次，待第一次泡沫消失后再斟。

（3）凡冰镇或用水温热的酒应用布包住瓶身，以防泡沫溢出。

（4）如啤酒与汽水混合饮用时，应先斟汽水后斟啤酒，以防泡沫溢出。

（5）在用餐期间，随时留意客人杯中的酒水，及时为其续添酒水。

（6）当客人点的酒水所剩不多时，应及时询问客人是否添加酒水，以防客人要求添加酒水时不能及时送上。

（7）常见酒水的服务方法：凡是洋酒，要询问客人是否加冰。葡萄酒用葡萄酒杯，干白葡萄酒冰镇饮用，红葡萄酒常温饮用。加饭酒用加饭酒杯，温热饮用，应加入话梅，或依客人要求加入枸杞、姜丝、冰糖等。

（四）上菜服务

上菜的基本顺序：凉菜、热菜、主食、汤（除非餐饮店有特殊的服务规定或程序）。上菜时服务员的服务要领如下。

1. 正确使用服务敬语　在上第一道菜时要对客人说“对不起，让您久等了”，然后报菜名，随后每上一道菜都要说“请品尝”等敬语。菜上齐后要说“您的菜已齐，请慢用”，以提示客人根据此时菜肴的多少，考虑是否需要添加菜肴。

2. 注意上菜顺序　上菜顺序，原则上可根据地方习惯进行安排，如有些地区上菜顺序是先凉菜，后热菜；热菜先上海鲜或名贵菜肴，再上肉类、禽类、蔬菜、汤、点心、面食、甜点，最后上水果。而有些地区则是先上凉菜，再上汤，然后才上其他热菜等。上菜前可以先征求客人的意见。

3. 注意安全问题　上菜时动作要稳健轻巧，保持节奏，不要将菜汁或汤汁洒在客人身上或餐台上。如果客人点的菜肴较多，餐台上已摆满了菜盘，要先将台面整理一下，将客人基本吃完的菜肴在征得客人的同意后换成小菜盘或合并，然后将空菜盘撤下，最后再上菜。上菜时，避免将菜盘从客人头顶越过，要使用服务敬语“对不起，打扰一下”等，然后从客人座位的间隙送上。

4. 注意上菜的节奏 客人点菜完毕后，凉菜应在 10 分钟内上齐。凉菜吃到 1/2 时上热菜，并且在 30 分钟内上完，但以客人的需求为准，可灵活掌握。如果某道菜的烹制时间比较长，应事先告诉客人，如客人有特殊要求要尽量满足。值台服务员在客人点完菜时，要事先将在一般情况下上菜所需的时间记录好，如果遇到某个菜超过要求的时间迟迟没有上，应立即去厨房催菜。上汤的时间则由值台服务员根据客人的进餐情况灵活掌握，为了保证客人能喝上热汤，一般在用餐接近尾声时及时通知传菜服务员取汤。上主食的时间，由值台服务员在客人点菜时征询意见，然后根据客人的要求准时服务。

5. 特殊菜品的上菜方法

（1）带配料或蘸汁的菜肴，要先将配料或蘸汁放在餐台上，然后再上菜。这样做可以防止上菜后忘记上配料或蘸汁，或是上菜后客人还要等配料或蘸汁的情况，可避免给客人造成不便，或引起客人的不满。

（2）在上需用手直接取食的菜肴如虾、蟹、手扒排骨等时，中、高档餐饮店应送上洗手盅，内盛半盅温度合适的红茶水，茶水内放一片香桃或几瓣菊花。洗手盅应放在客人餐具的左上方，不可忘记向客人说明其用途。同时还要上香巾，供客人洗后擦手用。低档餐饮店应提供足够的餐巾。

（3）不易夹取的菜肴，应在菜肴上餐台后马上在菜盘上放一只公勺，方便客人取菜；上汤羹类菜肴要在汤盆中放汤勺。

6. 上菜的注意事项

（1）前往配餐间或厨房叫菜，不可争先恐后，应按顺序接受领菜。

（2）离开厨房之前，检查托盘的清洁情况，将菜品依服务顺序放置于托盘上，并注意菜品的美观和温度。

（3）带汤汁的菜品宜用托盘，一次端菜不可端得太多，否则既不雅观，又易发生意外。

（4）领菜回到餐厅后先置于工作台上，收拾餐桌上脏的茶杯，以腾出放置菜肴的空间。

（5）服务员应随时关注客人用餐需求，主食应随时准备，随叫随上；提供酒水服务时，应将酒水慢慢倒入杯中，不能太满或溢出。

（6）上菜时动作要轻巧，不要发出响声，端送盘、碟、碗时，要以四只手指支撑底部，拇指轻按边缘，不可触及食物。

（7）上菜的方向：菜品应从客人的左方端上，但饮料恰恰相反，宜用右手从客人的右方端上；也可视餐桌的位置，便宜行事。

（8）上热烫菜时，应提醒客人注意。有些炖菜因表面有油封，所以没有冒热气，客人在不知情时若大口咽下，极易烫伤。

（9）外籍客人吃中餐时，除提供筷子外，还应准备刀叉，或根据其习惯与需要提供用具。

（10）外籍客人吃中餐时，应征求他们意见后才给予分菜；分菜时不要将汤汁溢出，尤其是洒落在桌上，弄污餐桌，否则会给客人留下不良印象。

（11）服务中注意水或酒、菜及饭的添加时机，避免客人等候；随时更换毛巾、汤碗、骨盘等。

当客人用餐接近尾声时，可询问客人是否需要水果，如有需要应提供水果碟及果叉等。

（五）餐厅餐后整理

（1）客人起身离席后，及时检查座位和台面，送还客人遗留物品。

（2）客人离开后，按顺序撤台，清点物品，整理清扫后台服务区域，清理工作台，工作车等用具。搞好卫生，宴会厅恢复原样。关闭电器设备（空调、暖风）。注意：不可大面积扫地、拖地。

（3）客人离开后，迅速恢复台面，做翻台准备工作。注意：动作要快，翻台后要标准化摆台。

（4）检查责任区内的电器设备是否关闭；检查责任区内的饰品是否完好；检查责任区的卫生是否合格；检查盘点结果是否有误。

（5）离开时，与换班人员做好交接工作。

五、菜品创新与盘饰搭配

（1）菜品的创新有一定的规律性，创新的基础就是要有扎实的基本功，刀工、火候的掌握要做到娴熟。

（2）要弄清楚各种调味品的属性。其实无论哪种菜系或调味品，无外乎酸、甜、苦、辣、咸、鲜六味，但如何合理地运用这六种基本味型创造成百上千不同滋味的新菜肴，就需要我们弄清楚各种调味品的属性并合理搭配。

（3）不能违背本地区大多数人的口味及饮食习惯。创新菜如果偏离了当地人的饮食习惯，是行不通的。

（4）一定要尊重传统技法，但是不能拘泥于传统技法，要将传统的烹饪技法与现代科技相结合，这一点要求厨师有应变能力与接受新事物的能力，这也是创新菜的一个捷径。

（5）学会合理借鉴与整合。当前菜品的相互结合已成为创新的一种趋势，如烹调技法的结合，菜系的结合，菜品与面点的结合等。

（6）要符合制作简单、上菜迅速的要求，还要做到膳食平衡与营养搭配合理。对于食客和餐饮经营者而言，最头疼的是上菜速度慢、菜品口味不能保持一致。

（7）创新菜品时，灵感也很重要。我们应不断提升文化修养，多与同行交流开阔思路。

（8）对盘饰的创新。同一道菜，如果能够在盘饰上稍加变化，就能给食客眼前一亮的感觉。

（9）要符合当前经济实惠、大众化的消费需求。创新菜的推出要有生命力，就必须坚持以大众化的原料为基础，通过切配、调味及各种综合烹饪技法的运用，做出菜品风格和口味独特的新菜品。一道好的菜品只有被大多数消费者接受之后，才能有所发展，才能得到推广。

（10）创新菜品的食用性也是至关重要的。食用性是指菜品的可食程度，不能一味追求菜品的造型、盘饰、食材的新奇而忽略菜品的可食性。一盘菜如果半盘都是装饰，不可食用，虽然看起来好看，但客人也不会再点了。创新菜品的原料不必讲究高档、珍贵，烹制的过程也不追求复杂、繁琐，需要的是在食用性强的前提下做到物美、味美，同时菜品价格能为广大消费者所接受。

六、实训项目工作页表格

（一）任务分析单

宴席类型	就餐人数	客源地区	客人需求	就餐场所	清真	回头客
					□是 □否	□是 □否
客人年龄段	□老年 □成年 □未成年					
菜肴名称	技法、口味、口感要求					菜肴成本
新技能需求					总计	

（二）综合实训任务计划书

实训项目				宴会开餐时间	
实训班级				指导教师	
实训任务					
实训地点	□冷菜厨房 □热菜厨房 □面点厨房 □宴会餐厅				
实训岗位	水台、砧板、打荷、上杂、炒锅、冷菜、面点、划单传菜、餐厅服务				
实训组织	人员分工	姓名	人数	主要任务	
	总负责人				
	冷菜组				
	热菜一组				
	热菜二组				
	面点组				
	服务组				

续表

<table>
<tr><td rowspan="7">实训步骤及内容</td><td>实训步骤</td><td>工作内容</td><td>学时分配</td></tr>
<tr><td>第一步</td><td>布置任务与任务学习：</td><td></td></tr>
<tr><td>第二步</td><td>制订计划：</td><td></td></tr>
<tr><td>第三步</td><td>工作准备：</td><td></td></tr>
<tr><td>第四步</td><td>任务实施：</td><td></td></tr>
<tr><td>第五步</td><td>实训评价：</td><td></td></tr>
<tr><td>第六步</td><td>总结反思：</td><td></td></tr>
<tr><td>批准实施</td><td colspan="3">总厨建议：
经审核，实训计划可行，同意按本计划实施。
签字：</td></tr>
</table>

（三）宴会服务准备任务单

<table>
<tr><td>实训项目</td><td></td><td colspan="2">工作评价</td></tr>
<tr><td rowspan="10">工作任务</td><td colspan="3">宴会服务准备细则</td></tr>
<tr><td colspan="3">提示：</td></tr>
<tr><td rowspan="2">宴会服务准备工作流程</td><td colspan="2">检查及评价</td></tr>
<tr><td>完整准确</td><td>不完整</td></tr>
<tr><td>1. 了解客人需求：</td><td></td><td></td></tr>
<tr><td>2. 个人卫生及形象符合标准：</td><td></td><td></td></tr>
<tr><td>3. 准备餐具：</td><td></td><td></td></tr>
<tr><td>4. 布置环境与摆台，做到合理、整洁、温馨：</td><td></td><td></td></tr>
<tr><td>5. 熟悉菜单和菜肴特色：</td><td></td><td></td></tr>
<tr><td>6. 餐前短会：</td><td></td><td></td></tr>
<tr><td>反思</td><td colspan="3">遇到的问题及解决办法：</td></tr>
</table>

（四）厨房准备工作页及自查表

实训项目		自检及评价	
		规范	欠规范
工作过程	冷菜厨房设备用具准备（实训人填写）		
	检查设备：		
	备齐用具：		
	热菜厨房设备用具准备（实训人填写）		
	检查炉灶设备：		
	检查炉灶用具：		
	炉灶试火、试水安全通畅：		
	调料用具：		
	面点厨房设备用具准备（实训人填写）		
	检查设备：		
	备齐用具：		
	安全卫生（实训人填写）		
	重视安全与卫生：		
	规范垃圾分类与处理：		
反思	所有规范要求是否做到，如有遗漏，请分析原因。		

检查人：　　时间：

（五）菜肴原料准备工作页

实训项目			工作评价	
	菜肴名称	冷菜原料准备	齐全规范	欠规范
工作过程	冷菜 1	主料		
		配料		
		调料		
		过程		
	冷菜 2	主料		
		配料		
		调料		
		过程		

续表

工作过程	菜肴名称	热菜原料准备	齐全规范	欠规范
	热菜 1	主料		
		配料		
		调料		
		过程		
	热菜 2	主料		
		配料		
		调料		
		过程		
	热菜 3	主料		
		配料		
		调料		
		过程		
	热菜 4	主料		
		配料		
		调料		
		过程		
	菜肴名称	面点原料准备	齐全规范	欠规范
	面点 1	主料		
		配料		
		调料		
		过程		
	面点 2	主料		
		配料		
		调料		
		过程		
反思				

检查人：　　时间：

（六）菜肴制作工作页

实训项目		宴会开餐时间		
本人任务	工作岗位：菜肴烹制			
实训地点	□冷菜厨房　□热菜厨房　□面点厨房　□宴会餐厅		自检评价	
			齐全规范	欠规范
操作步骤	1	水台：		
	2	砧板：		
	3	组配：		
	4	烹制菜肴：		
	5	监督打荷：		
	6	提醒打荷传菜：		
完成情况				
反思改进	1. 列出关键工艺： 2. 找出不足，提出改进措施：			

（七）中餐厨房划单传菜工作页——跟单指挥与划单传菜

序号	项目	时间节点	操作内容	工作评价	
				齐全规范	欠规范
1	准备用具		（1）		
			（2）		
			（3）		
2	准备调料		（1）		
			（2）		
			（3）		
3	卫生整理		（1）		
			（2）		

续表

序号	项目	时间节点	操作内容	工作评价	
				齐全规范	欠规范
4	了解订餐情况并传递相关信息		（1）		
			（2）		
			（3）		
			（4）		
5	开餐前的检查		（1）		
			（2）		
			（3）		
6	岗前站立		（1）		
			（2）		
7	传递点菜单		（1）		
			（2）		
			（3）		
			（4）		
			（5）		
8	控制上菜节奏		（1）		
			（2）		
			（3）		
			（4）		
			（5）		
			（6）		
9	确认菜品		（1）		
			（2）		
			（3）		
			（4）		
10	出菜		（1）		
			（2）		
			（3）		
11	撤单		（1）		
			（2）		

（八）划单传菜岗位退菜、换菜、催菜操作程序

序号	工作内容	操作内容
1	退菜处理	（1） （2）
2	换菜处理	（1） （2）
3	催菜处理	（1） （2） （3）

（九）宴席餐中服务工作页

<table>
<tr><td>实训项目</td><td colspan="2"></td><td>宴会开餐时间</td><td></td></tr>
<tr><td>本人任务</td><td colspan="4">□迎接客人 □ 照顾入席（座） □茶水服务 □餐巾（含小毛巾）服务
□上菜服务（含分菜） □介绍菜肴特色 □征求意见，礼宾送客</td></tr>
<tr><td rowspan="2">实训地点</td><td colspan="2" rowspan="2">宴会餐厅</td><td colspan="2">自检评价</td></tr>
<tr><td>齐全规范</td><td>欠规范</td></tr>
<tr><td rowspan="7">服务步骤（填写任务、规范、标准）</td><td>1</td><td>迎接客人：</td><td></td><td></td></tr>
<tr><td>2</td><td>照顾入席（座）：</td><td></td><td></td></tr>
<tr><td>3</td><td>茶水服务：</td><td></td><td></td></tr>
<tr><td>4</td><td>餐巾（含小毛巾）服务：</td><td></td><td></td></tr>
<tr><td>5</td><td>上菜服务（含分菜）：</td><td></td><td></td></tr>
<tr><td>6</td><td>介绍菜肴特色：</td><td></td><td></td></tr>
<tr><td>7</td><td>征求意见，礼宾送客：</td><td></td><td></td></tr>
<tr><td>完成情况</td><td colspan="4">自查情况、监督员质量监督情况：</td></tr>
<tr><td>反思改进</td><td colspan="4">服务难点、服务技巧、不足改进：</td></tr>
</table>

（十）收档工作页及自查表

实训项目		工作评价	
		规范	欠规范
收档工作记录	冷菜收档		
	热菜收档		
	面点收档		
	宴会服务收档		
反思			

检查人：　　时间：

（十一）宾客满意度评价单

评价内容	非常满意（10分）	满意（8分）	一般（6分）	有待改进（4分）
厨房服务（请宾客分项打“√”并提出宝贵建议）				
菜肴味道				
菜肴色泽				
菜肴外形				
菜肴口感				
菜肴卫生				
餐厅服务（请宾客分项打“√”并提出宝贵建议）				
服务态度				
服务用语				
环境布置				
菜单介绍				
服务规范				
您对宴会服务和菜品质量的建议：				

（十二）综合实训评价表

职业综合能力评价						
评价要素	优秀（10分）	良好（8分）	合格（6分）	教师评价（30%）	小组互评（30%）	自我总结及评价（40%）
仪容仪表						
沟通能力						
解决问题能力						
卫生、安全						
总分						

（十三）宴席菜点标准配方（参考）

编号：______________

名称：家常泡菜烧鱼（四川）				类别：热菜
售价/元		分量/克		盛器：鱼盘
成本/元		成本率/(%)		
主原料标准说明	鲜鲤鱼或鲈鱼750克（1条）			
成品标准与味型	色泽金红，形体完整；口味咸鲜，香辣回甜微酸，泡菜香气浓郁；口感软嫩			
用料名称	数量	单位	单价/(元/斤)	金额/元
鲜鲤鱼或鲈鱼	750	克		
肥肉馅	100	克		
四川泡菜（泡辣椒、胡萝卜、心里美、子姜、豇豆等）	100	克		
青蒜（或蒜苗）（也可加入榨菜、冬笋、冬菇、口蘑等）	10	克		
葱、姜、蒜				
豆瓣辣酱				
料酒、盐、味精、生油、酱油、白糖、毛汤、米醋、湿淀粉				

续表

操作程序与标准	
程序	标准
1	鲜鲤鱼（或鲈鱼）去内脏和鳃鳍，清洗干净，擦干水分，剞一字花刀，用料酒、盐腌10分钟。
2	四川泡菜切7毫米见方小丁，青蒜、葱、姜、蒜切成豌豆粒大小，豆瓣辣酱剁细。
3	炸油（宽油）烧至七八成热，下鱼炸至金黄色，鱼体挺实后捞出控油。
4	炒勺烧热放油，加入肥肉馅迅速煸散，加入豆瓣辣酱，煸出红油和香味；加入四川泡菜、葱、姜、蒜煸香，烹料酒，放入毛汤、盐、味精、白糖、酱油、米醋大火烧开；放入鱼，改小火将汁收浓（约15分钟），取鱼装盘，余汁中火勾薄芡收浓，撒青蒜推匀浇在鱼身上即成。
技术关键	（1）豆瓣辣酱煸出红油和香味再放毛汤。 （2）烧制时不可用手勺搅动，以晃勺为主。 （3）鲜鱼炸制时间宜短，冻鱼稍长（可去腥）。 （4）烧鱼时汤汁以没过鱼背鳍为准，不可过多。多用手勺浇汤汁于鱼体表面，使其入味成熟。 （5）中途应将鱼翻身一次（不要翻碎）。 （6）口味事先调好，不可后期再调。 （7）此菜讲究川料、川味的正宗性。 （8）鱼也可改成抹刀块，即瓦块鱼。 （9）剞花刀时应避开鱼腹，否则炸时易断，烧时易碎。 （10）葱、姜、蒜量可稍大些，味足肉香。 （11）操作要求： ①调料投放要恰当、适时、有序。 ②按一定规格调味，突出风味特点。 ③根据原料性质兑制调料。 ④多选用质地较老、异味较重的动物性原料。 ⑤原料加工成较大形状或采用整体形状。 ⑥热处理可采用出水、过油等方法。 ⑦豆瓣辣酱一定先用油煸炒出香味后再烧制。 （12）适用范围： ①多选用水产类，也可用蹄筋、豆腐、干货等。 ②多采用整体形状或大的块状原料。

七、职业技能评价表格（参考）

（一）热菜制作技能评分表

菜肴名称			班级	
项目	配分	扣分原因		得分
外形	5			

续表

颜色	10		
口味	30		
刀工	15		
火候	20		
汁芡	10		
配料	5		
装盘	5		
评分人		总分	

热菜制作技能评分标准如下。

评分要素	项目分数	技术要求及给分、扣分原则
外形	5	主菜和点缀比例、色彩合理；主型突出、造型自然流畅 符合以上要求给5分，不符合要求视程度扣1～5分
颜色	10	菜肴规定应有的颜色；汁芡颜色；配料搭配颜色；配料和主料搭配是否合理；有无因过火造成的原料失色 符合上述要求给10分，不符合上述要求的每项扣1～2分
口味	30	味型是否准确；是否过咸；是否过淡；是否有应有的鲜香味；是否有异味 菜肴若味型准确，不咸，不淡，没有异味，并有应有的香味给30分。若味型不准扣8～10分，过咸或过淡扣1～5分，香味不浓郁扣1～5分，有异味扣1～5分
刀工	15	采用的是复杂刀工、简单刀工，还是没有刀工，有没有连刀，或粗细薄厚不均匀或原料碎散 若采用复杂刀工，没有连刀，薄厚均匀，原料不碎散给15分；采用简单刀工，没有连刀，薄厚均匀给6分；采用复杂刀工或简单刀工凡发生连刀，刀距不齐造成粗细、薄厚不均或原料碎散的，发生一项扣1～3分
火候	20	火候合适，菜肴口感老嫩适度；过火，菜肴口感老；有焦糊；欠火，没熟透 火候合适，菜肴口感老嫩适度给20分；过火，菜肴口感老扣1～5分；菜肴发生轻微焦糊扣6～10分，菜肴欠火扣1～5分
芡汁	10	芡汁量合适；芡汁不浓；芡汁不滑；油量不多；油量不少 能达到上述标准的给10分，凡达不到菜肴芡汁要求的，视其程度，每项扣1～2分
装盘	5	突出主料；不偏盘；装盘不散；盘边无油迹；成型好 若达到以上五条要求给5分，若不能达到则每项扣0.5～1分
配料	5	配料颜色、质地、口味搭配合理，形状、刀工搭配合适；营养成分搭配合理 符合要求给5分，不符合要求的视程度不同扣1～5分

（二）冷菜制作技能评分表

菜肴名称			班级	
项目	配分	扣分原因		得分
外形	5			
造型	10			
色彩搭配	30			
口味	15			
刀工	20			
火候	10			
卫生	5			
装盘	5			
评分人			总分	

冷菜制作技能评分标准如下。

评分要素	项目分数	技术要求及给分、扣分原则
造型	20	造型符合主题；立意新颖有创造性；比例合理；造型美观；层次有序 符合要求的给 20 分，达不到上述要求的，视其程度不同每项扣 1 ～ 4 分
色彩搭配	15	色彩搭配协调；色彩鲜艳悦目；点缀合理 符合要求的给 15 分，达不到上述要求的，视其程度不同每项扣 1 ～ 5 分
口味	25	食用性强；口味丰富多样；咸淡适中；不能有异味；忌口味单一 符合要求的给 25 分，达不到上述要求的，视其程度不同每项扣 1 ～ 5 分
刀工	20	刀法细腻，薄厚均匀；层次有序，搭片整齐连贯；没有连刀；没有斧头片；边沿整齐 符合要求的给 20 分，达不到上述要求的，视其程度不同每项扣 1 ～ 4 分
火候	10	冷拼中的原料符合各自的火候要求 若失饪，视其程度扣 1 ～ 6 分
卫生	10	原料清洁卫生，无异味；盛器无指痕，无油污；盛器中无不可食材料 符合要求的给 10 分，达不到上述要求的，视其程度不同每项扣 1 ～ 3 分

（三）面点制作技能评分表

品名			编号	
项目（评分要素）	满分	扣分	扣分理由	
外形	20			

续表

颜色	15			
刀工	20			
味道	25			
火候	10			
卫生	10			
备注				
实得分数			评分人	

（四）厨房操作过程评分表

姓名	操作规范（4分）	卫生状况（2分）	浪费原料（2分）	操作安全（2分）	得分

（五）盘饰评价标准表

评价内容	评价标准		
	优秀	较好	一般
色泽	原料选择恰当，色彩搭配协调，浓艳淡雅相宜	原料选择较少，色彩较鲜艳，搭配基本合理	原料选择单一，色彩暗淡，搭配不合理
雕刻手法	工具使用熟练，手法准确，去料稳、准，角度与深度恰当	工具使用比较熟练，手法较准确，去料稳、准，去料角度与深度较好	工具使用不熟练，手法不准确，去料不稳、不准，去料角度与深度稳定性差
成品标准	形态逼真，符合自然美的要求	形态较逼真，基本符合自然美的要求	形态不逼真，不符合自然美的要求
装盘	盘饰的色、形、量与盛装器皿搭配协调，造型美观，留白恰当，宴席主题突出	菜品与器皿的搭配基本合理，较为和谐悦目，留白不足，宴席主题表达较好	菜品与器皿搭配不协调，盘饰比重大，没有留白，未体现宴席主题

续表

评价内容	评价标准		
	优秀	较好	一般
卫生	原材料新鲜，操作工具、盛装器皿洁净卫生，操作过程严格按照“五专”的要求	基本按照“五专”的要求进行操作	原材料不新鲜，个人卫生、器皿卫生和操作过程不符合食品卫生要求
主管评价	□优秀　□较好　□一般		

（六）创新菜品评分表

<table>
<tr><td>菜品编号</td><td colspan="2"></td><td colspan="2">菜品名称</td><td></td></tr>
<tr><td rowspan="2">滋味
（100 分）</td><td colspan="2">口味（50 分）</td><td colspan="2">口感（50 分）</td><td>得分</td></tr>
<tr><td colspan="2">评价参考指标：风味醇正，组合合理，层次分明</td><td colspan="2">评价参考指标：软、烂、嫩、滑、脆、酥、松等</td><td></td></tr>
<tr><td rowspan="2">呈现
（100 分）</td><td>色彩（55 分）</td><td colspan="2">构图（25 分）</td><td>器皿（20 分）</td><td>得分</td></tr>
<tr><td>评价参考指标：色彩对比，补色关系，色调</td><td colspan="2">评价参考指标：主辅料比例，构图比例，布局关系</td><td>评价参考指标：器皿的色彩造型，器皿与菜品的配合，整体具有艺术性</td><td></td></tr>
<tr><td rowspan="2">创意
（100 分）</td><td colspan="3">现代烹饪元素运用恰当（50 分）</td><td>构思合理巧妙（50 分）</td><td>得分</td></tr>
<tr><td colspan="3">评价参考指标：现代烹调技术（如分子料理技术）、酱料制作等技术运用合理恰当，紧密结合节气时令</td><td>评价参考指标：设计合理，组合巧妙，构思新颖</td><td></td></tr>
<tr><td>备注</td><td colspan="5"></td></tr>
<tr><td>总分</td><td colspan="2"></td><td colspan="2">评委签字</td><td></td></tr>
</table>

（七）米饭出品评价标准

序号	评价要素（分值）	具体特性描述（分值）	各组出品要素得分		
			1	2	3
1	气味醇正性、浓郁性（20 分）	具有米饭特有的香气，香气浓郁（18～20 分）			
		具有米饭特有的香气，米饭清香（15～17 分）			
		具有米饭特有的香气，香气不明显（12～14 分）			
		米饭无香味，但无异味（7～12 分）			
		米饭有异味（0～6 分）			

续表

序号	评价要素（分值）	具体特性描述（分值）	各组出品要素得分		
			1	2	3
2	颜色（7分）	米饭颜色洁白（6～7分）			
		颜色正常（4～5分）			
		米饭发黄或发灰（0～3分）			
	光泽（8分）	有明显光泽（7～8分）			
		稍有光泽（5～6分）			
		无光泽（0～4分）			
	饭粒完整性（5分）	米饭结构紧密，饭粒完整性好（4～5分）			
		米饭大部分结构紧密完整（3分）			
		米饭粒出现爆花（0～2分）			
3	黏性（10分）	滑爽，有黏性，不黏牙（8～10分）			
		有黏性，基本不黏牙（6～7分）			
		有黏性，黏牙；或无黏性（0～5分）			
	弹性（10分）	米饭有嚼劲（8～10分）			
		米饭稍有嚼劲（6～7分）			
		米饭疏松、发硬，感觉有渣（0～5分）			
	软硬度（10分）	软硬适中（8～10分）			
		感觉略硬或略软（6～7分）			

续表

序号	评价要素（分值）	具体特性描述（分值）	各组出品要素得分		
			1	2	3
4	滋味醇正性、持久性（25分）	咀嚼时，有较浓郁的清香和甜味（22～25分）			
		咀嚼时，有淡淡的清香和甜味（18～21分）			
		咀嚼时，无清香和甜味，但无异味（16～17分）			
		咀嚼时，无清香和甜味，但有异味（0～15分）			
5	冷饭成团性、黏弹性、硬度（5分）	较松散，黏弹性较好，硬度适中（4～5分）			
		结团，黏弹性稍差，稍变硬（2～3分）			
		板结，黏弹性差，偏硬（0～1分）			
综合评分					
备注					

（八）中餐摆台评分表

仪容仪表（10分）			
考核项目	配分	检查细节	扣分
服装	2	制服整洁干净，无破损，穿戴符合工作标准	
鞋袜	2	男员工穿深色袜子，女员工穿肉色袜子，袜子无破损	
饰品佩戴	2	除手表外，不戴其他首饰，名牌端正戴于外衣左胸	
发型	1	头发整齐干净，发梢不过眉，男员工头发不过耳，后不过领，女员工长发盘起	
化妆	2	面部清洁，口腔清洁无异味，男员工不留胡须，女员工化淡妆	
指甲	1	不留长指甲，不涂指甲油，指甲清洁、整齐	
得分			

续表

摆台操作（90 分）			
考核项目	配分	检查细节	扣分
铺台布上转盘（8 分）	3	站在副主人位用撒网式或推拉式将台布一次抖开到位	
	2	台布股缝线朝上，平整，垂直均匀	
	3	在副主人位将转盘放置于圆桌中心	
摆台（35 分）	10	骨碟定位：从主人位开始顺时针方向操作，骨碟距桌边 1 厘米，骨碟间距均匀相等	
	5	翅碗、瓷勺摆放于骨碟左前方，勺柄向正左，味碟摆放于骨碟正前方，三者间距 1 厘米	
	5	筷架摆放于味碟右侧。筷架、味碟、翅碗、瓷勺在同一条直线上	
	5	筷子距骨碟 3 厘米，店徽朝上，筷子距桌边 1 厘米，牙签置于筷子的左侧	
	5	饮料杯、红酒杯、白酒杯依次按顺时针放于翅碗和味碟的正前方，三杯中心成一条直线，三杯间距为 1 厘米，红酒杯对准骨碟中线	
	5	从主人位右侧开始按顺时针方向，两个座位之间摆一个烟灰缸，烟灰缸置于两个饮料杯的外切线处，火柴放在烟灰缸上，刮面对外	
叠花（20 分）	10	在摆饮料杯之前，在工作台托盘内叠 10 种不同的口布花，突出正、副主人位	
	3	除主人位外，口布花的观赏面要面向客人，其他造型的口布花头朝向红酒杯	
	4	口布花挺拔，造型美观，款式新颖，难易适宜	
	3	操作手法卫生，口布花深度适当，置于饮料杯处的深度相等	
拉椅（5 分）	5	桌椅正对餐位，从主宾位开始顺时针方向将椅子拉开，椅边与台裙垂直	
斟倒饮料（10 分）	3	从主宾位开始按顺时针方向斟倒饮料	
	5	每杯饮料倒八分满，不滴不溢，每滴一滴扣 0.5 分	
	2	倒饮料时饮料瓶品牌商标朝向客人，瓶口不碰杯口	
托盘（4 分）	2	姿势正确，步伐适宜	
	2	动作平稳、协调	
微笑（4 分）	4	面部表情自然，保持微笑	
形体（4 分）	2	手势标准，舒适自然	
	2	操作时注意形体优美度	
得分			

（九）中餐宴会摆台技能考核表

班级：　　　　　　台号：　　　　姓名：

考核项目	考核要点	标准分	扣分	得分
仪容仪表	服装整洁，不佩戴饰物，发型标准，精神饱满	4		
整理椅子	十人台将椅子整理成三二式或二三式	5		
铺台布	①在副主人位一侧操作；②台布正面向上，中心线对准正、副主人位，十字中心居桌中，台布四角对桌脚，四周下垂分布均匀	5		
托盘	①装盘，分类码放，按照内高外低、内重外轻的顺序码放；②起托，右手将托盘从边台平移出二分之一，左手放在托盘底部中心位置；③左手托盘，掌心向上，五指分开；④利用五指指肚与大拇指根部形成六个支点	5		
摆餐碟	①定位标准，餐碟之间距离均匀相等；②餐碟边距桌边1厘米；③从主人位开始，按顺时针方向依次摆放	10		
摆汤碗、汤勺、味碟	①汤碗、味碟之间中心线平分餐碟；②汤碗放于餐碟左上方，汤勺放在汤碗里（勺柄朝左），味碟放于餐碟的右上方；③汤勺柄与味碟中心、筷架在一条直线上	10		
摆筷子、筷架	①筷架摆放于餐碟右上方；②筷子放在筷架上，筷子前端距筷架5厘米，底部距桌边1厘米，距餐碟3厘米；③筷套的文字、图案一律向上	10		
摆酒具	①果酒杯放在餐碟正前方；②白酒杯放在果酒杯的右侧，距其1厘米；③水杯中插口巾花，摆在果酒杯的左侧，距其1厘米；④折口巾花动作娴熟，能折10种花型，花型美观，突出主位	20 15		
摆公共餐具	公用餐具摆在正、副主人位酒具正前方，距离果酒杯3厘米	3		
摆牙签筒	牙签筒放在公用盘右侧，距公用筷尾1厘米	1		
摆烟灰缸	①从主人位右侧开始，每两个餐位放一个烟灰缸；②烟灰缸外边位于水杯外边弧线上，烟灰缸开口两口向下	2		
摆菜单、席位卡	①菜单摆放在正、副主人位餐具的一侧，底部距桌边1厘米；②席位卡摆放在餐桌下首，台号面向厅堂入口处	2		
摆花瓶	花瓶摆在餐台中央	1		
椅子归位	①椅子摆放在餐台中央；②椅背中心正对餐碟中心；③椅子前端与台布相切	5		
复查台面	注意整体效果	2		
备注	总分100分，摆台20分钟，每超出1分钟扣5分			
摆台时间	超时扣分	得分		

（十）西餐宴会摆台操作规范

项目	操作规范	质量标准或要求
确定席位	按照长台和圆台分别安排主人位、副主人位及其余宾客位置	①若为长台，餐台一侧居中位置为主人位，另一侧居中位置为女主人位或副主人位，主人右侧为主宾，左侧为第三主宾，副主人右侧为第二主宾，左侧为第四主宾，其余宾客交错类推；②若为圆桌，席位与中餐宴会席位相同
装饰盘的摆放	可用托盘端托，也可用左手垫好口布，口布垫在餐盘盘底，把装饰盘托起，从主人位开始，按顺时针方向用右手将餐盘摆放于餐位正前方	盘内的店徽图案要端正，盘与盘之间距离相等，盘边距桌边2厘米
口布的摆放	将口布折花放于装饰盘内，将观赏面朝向客人	口布折叠规范、平整，主人位突出，以盘花为主
面包盘、黄油碟的摆放	面包盘与装饰盘的中心轴对齐，黄油碟摆放在面包盘的右上方	装饰盘左侧10厘米处摆放面包盘，黄油碟摆放在面包盘右上方3厘米处
沙拉叉、鱼叉、主餐叉的摆放	装饰盘左侧按从左至右的顺序依次摆放沙拉叉、鱼叉、主餐叉	沙拉叉、鱼叉、主餐叉相距0.5厘米，手柄距桌边1厘米，叉尖朝上；鱼叉上方可突出其他餐具1厘米
主餐刀、鱼刀的摆放	装饰盘的右侧按从左到右的顺序依次摆放主餐刀、鱼刀	刀刃向左，刀柄距桌边1厘米；鱼刀上方可突出其他餐具1厘米
汤匙、沙拉刀、甜食叉、甜食勺、黄油刀的摆放	鱼刀右侧摆放汤匙，汤匙右侧摆放沙拉刀，甜食叉、甜食勺平行摆放在装饰盘的正前方，黄油刀摆放在面包盘的右上方	鱼刀右侧0.5厘米处摆放汤匙，勺面向上；汤匙右侧0.5厘米处摆放沙拉刀，刀刃向左；甜食叉、甜食勺平行摆放在装饰盘的正前方1厘米处，叉在下，叉柄向左，勺在上，勺柄朝右，甜食叉、甜食勺手柄相距1厘米；黄油刀摆放在面包盘右上1/3处，黄油刀中心与面包盘的中心线吻合
酒具的摆放	分别摆放水杯、红葡萄酒杯和白葡萄酒杯；摆酒具时要拿酒具的杯托或杯底部	水杯摆放在主餐刀正前方3厘米处，杯底中心在主餐刀的中心线上，杯底距主餐刀尖2厘米；红葡萄酒杯摆放在水杯的右下方，杯底中心与水杯杯底中心的连线与餐台边成45°角，杯壁间距0.5厘米；白葡萄酒杯摆在红葡萄酒杯的右下方，其他标准同红葡萄酒杯的摆放
蜡烛台、胡椒瓶和盐瓶的摆放	按照餐位数量摆放蜡烛台、胡椒瓶和盐瓶	若为长台，则摆放两个蜡烛台，蜡烛台摆在台布的鼓缝线、餐台两端适当的位置上；调味品（左椒右盐）、牙签筒按四人一套的标准摆放在餐台鼓缝线位置上，并等距离摆放数个花瓶，鲜花不要高过客人眼睛的位置
检查	仔细检查，发现问题及时纠正	根据上述内容进行检查，有不到位之处及时调整

（十一）西餐宴会服务考核评分表

考核项目	评分细则	标准分	扣分	得分
铺台布	中凸线对开（中线吻合）	2		
	四次整理成形	2		
	两块台布中间重叠 5 厘米（整块台布也可）	2		
	四周下垂匀称	3		
拉椅定位	椅子之间距离基本相等	2		
	椅子与下垂台布距离 1 厘米	2		
摆展示盘	盘边距桌边 1 厘米	3		
	店徽一致（在上方）	3		
摆刀、叉、勺	摆放顺序由里往外	8		
	摆放位置正确	8		
摆面包盘、黄油刀、黄油碟	摆放顺序正确（面包盘、黄油刀、黄油碟）	6		
	摆放位置正确	4		
摆酒杯、水杯	摆放顺序正确（白葡萄酒杯、红葡萄酒杯、水杯）	8		
	摆放位置正确	8		
	手拿杯位置正确（下部、颈部）	8		
折口布花（盘花）	造型美观，大小一致	12		
	在盘中位置一致，左右一条线	10		
摆花瓶	位置准确压中线	3		
整体印象	各操作环节标准规范，问题处理及时，应变能力强	6		
总成绩		100		

（十二）上菜操作规范案例

项目训练	操作规范	评价标准
上菜前准备工作	（1）核对菜品、菜量、客人特殊要求与菜单是否相符 （2）配备相应的服务用具 （3）先上冷菜，再上热菜，后上汤，最后上鱼	认真核对，准确无误
上冷菜	（1）在客人到达后，及时通知传菜员 （2）站立于主陪右后侧，左手托盘，右手将菜盘轻放于转盘或桌面上，按顺时针方向轻轻转动转盘 （3）先上调料，后上冷菜，视情况报菜名	（1）冷菜盘均匀分布于转盘上，距转盘边缘 2 厘米 （2）荤盘、素盘以及颜色搭配合理

续表

项目训练	操作规范	评价标准
上热菜	（1）在上前四道菜时，要将菜盘均等放于转盘上 （2）若上手抓排骨类菜品，应提供一次性手套；上刺身类菜品，将辣根酱挤出1.5厘米放于调味碟内，倒入适量酱油或醋；上海鲜时，提供洗手盅；上菜过程中听取客人意见并及时反馈 （3）若分餐，右脚在前，站于主陪右后侧，将菜品放于转盘上，转于主宾处，伸手示意，报菜名，介绍完毕，拿到备餐台，为客人分餐 （4）根据客人用餐情况及时与厨房沟通，合理控制上菜速度 （5）菜上齐后，告诉客人“菜已上齐”；若发现菜品不够或客人特别喜欢的菜，征得客人同意后予以加菜	（1）报菜名，说普通话，音量适中，菜品观赏面朝向主宾；保证菜品温度，上菜过程不出现摞盘现象 （2）上菜动作迅速，保持菜型美观 （3）每道菜品吃完3/4时，可为客人更换小菜盘 （4）对于特色菜，主动介绍菜品知识和营养价值
上特殊热菜（螃蟹、炖盅）	（1）站立于主陪右后侧，调整桌面，然后双手将盘放于转盘或桌面上，菜品观赏面转向主人与主宾之间位置，后退半步报菜名，并伸手示意“请用” （2）上螃蟹时，同时配备调料、蟹钳和洗手盅，并介绍洗手盅的用途 （3）上炖盅时，从主宾开始，将炖盅放于客人的右侧，揭开盖子放入汤匙，并报菜名	（1）服务用具和调料配备齐全，注意客人动作，避免汤汁洒到客人身上 （2）报菜名时口齿清晰，音量适中，用语准确
上汤	（1）站立于主陪右后侧，调整桌面，然后双手将汤放于转盘上，后退半步报菜名，伸手示意征询客人意见，“先生／女士，您是否需要分汤？” （2）若客人需要分汤，将汤放于旁边的桌子上，分好后将汤碗放到托盘上，站于每位客人的右侧，再将汤碗放到桌面上，伸手示意“请用” （3）若客人不需要分汤，伸手示意“先生／女士，请用”	盛汤均匀，不滴洒、不外溅，盛汤不宜太满
上鱼	（1）立于副陪右后侧，调整桌面，然后双手将鱼匙放于转盘上，将观赏面轻轻转到主人与主宾之间位置，后退半步报鱼名，然后征询客人意见是否需要剔鱼骨 （2）若需要，将鱼匙拿到备餐台，左手拿叉，右手拿分餐刀，将鱼身上配料用刀叉移到一边，用分餐刀分别将鱼头、鱼鳍、鱼尾切开，再顺鱼背将上片鱼一分为二，将鱼肉向两侧轻轻移动，剔除鱼骨，用刀叉将鱼肉复位，并将鱼的整体形状进行整理，端到餐桌上，伸手示意“请用”	不要将鱼肉弄碎，保持鱼肉的形状完好
上主食	（1）上最后一道菜时，告知客人菜已上齐；若客人已点主食，询问客人：“先生／女士，现在是否可以上主食？” （2）若客人未点主食，询问客人：“先生／女士，请问用点什么主食？”下单后，根据客人的要求，尽快将主食上到餐桌上	认真核对主食是否与菜单相符；适时进行二次推销，保证主食温度适宜

续表

项目训练	操作规范	评价标准
上水果	（1）在主食上齐之后，询问客人："先生 / 女士，现在是否可以上水果？" （2）在征得客人同意后，先整理桌面，更换骨碟，然后将果盘放于离转盘边缘 2 厘米处，转到主人和主宾之间，或放于餐桌中间	保持果盘完整、美观
上菜特殊情况处理	（1）菜品中若有异物，或菜品未按标准制作，先向客人道歉，根据客人要求，做退菜处理，或立即撤下，通知厨房重做 （2）换菜，当客人对菜品口味提出异议时，先向客人道歉，并询问客人："先生 / 女士，此菜是否要更换？"征得客人同意后，立即撤下，并通知厨房重做 （3）缺菜，应向客人道歉，并委婉说明情况，同时向客人推荐类似菜品 （4）上错菜，若客人未用，需询问客人是否需要，如果客人不需要，则向客人表示歉意，撤下菜品；如果客人已动筷，则向客人说明情况，表达歉意，并询问客人是否可作加菜处理	语气委婉，态度诚恳，耐心向客人解释，不与客人争吵

（十三）中餐宴会服务考核成绩表

考核项目	应得分	扣分	考核项目	应得分	扣分
餐前卫生清理	5		服务时机与节奏	6	
餐前检查	4		服务方法得当	6	
物品准备	5		操作规范	10	
摆台	10		服务态度	8	
站立迎宾	5		送客	4	
上茶	5		结账	4	
酒水服务	8		餐后清理	4	
上菜	8		整体印象	8	
总成绩					

（十四）某餐厅餐饮服务质量检测表

岗位：　　　时间：　　　检查人：

检查项目	标准细则	等级标准					备注说明
		5	4	3	2	1	
仪容仪表	（1）服务员是否按规定穿戴整齐 （2）制服是否合体、清洁，无破损，无油污 （3）工牌是否端正地佩戴于左胸前 （4）是否留有怪异发型，发型是否符合标准 （5）男员工是否蓄胡须，留大鬓角 （6）指甲是否修剪整齐，是否留长指甲、涂有指甲油 （7）除手表、戒指外，是否还戴有其他首饰 （8）女员工是否按要求持淡妆上岗 （9）站姿是否符合标准，是否有倚靠等不规范动作						
就餐环境	（1）地面有无杂物或污迹 （2）桌椅、工作台是否清洁，无污迹、水迹 （3）菜单是否清洁，有无油迹，有无缺页及破损 （4）餐具是否清洁，有无水迹，有无破损 （5）灯具照明是否正常，是否完整无损 （6）绿色植物有无枯萎或覆有灰尘 （7）门窗是否清洁，无灰尘，无破损						
服务规范	（1）客人进入餐厅是否主动问候，表示欢迎 （2）是否协助客人入座 （3）服务是否及时 （4）接受点菜时是否仔细聆听并复述所点菜品 （5）斟酒操作是否规范 （6）服务中是否用托盘操作 （7）上菜时是否准确地报菜名 （8）是否及时撤换餐具，更换烟灰缸 （9）结账是否迅速、准确						
服务技巧	（1）能否尽可能称呼客人的姓名 （2）是否避免与客人过于亲密 （3）能否积极把握各种推销机会 （4）能否准确解释菜单 （5）能否与赶时间的客人密切配合 （6）是否对患病的客人及老年人、儿童给予特别关照 （7）能否灵活处理客人投诉 （8）能否为客人创造愉快的用餐氛围 （9）能否及时处理醉酒等突发事件						

续表

检查项目	标准细则	等级标准					备注说明
		5	4	3	2	1	
工作纪律	（1）工作期间是否聚堆闲谈 （2）上班时间是否接听私人电话 （3）有无吸烟、偷吃东西现象 （4）工作时间是否大声喧哗 （5）有无与客人争吵现象 （6）是否对客人品头论足 （7）值班时有无睡觉现象 （8）能否做到平等待客 （9）有无脱岗现象						
安全意识	（1）熟悉火情、盗窃等紧急情况的处理程序 （2）熟悉紧急疏散的程序 （3）熟悉消防安全通道 （4）注意操作安全 （5）了解基本安全预防措施 （6）具备使用基本防火设备的能力 （7）保持服务区域消防通道通畅 （8）明确急救箱摆放位置及箱内物品 （9）了解紧急照明系统的装置和位置						
备注	（1）等级标准说明： 1——差；2——较差；3——一般；4——好；5——优秀 （2）检查人员每天对餐饮部进行全面检查，并抽取一个餐厅重点检查，填写表格，将问题反馈餐饮部进行整改						

（十五）实训任务自我评价表

任务名称	任务时间：　年　月　日
1. 对本实训任务实施步骤的掌握程度 优（　）　良（　）　及格（　）　不及格（　）	
2. 对本实训任务完成的准确性 优（　）　良（　）　及格（　）　不及格（　）	
3. 完成本实训任务的熟练程度 优（　）　良（　）　及格（　）　不及格（　）	
4. 通过本实训任务的训练，对实训目标的完成程度 优（　）　良（　）　及格（　）　不及格（　）	
5. 实训中存在的问题及建议：	
综合评价 优（　）　良（　）　及格（　）　不及格（　）	

扫码下载“实训项目工作页”“职业技能评价表”

主要参考文献

REFERENCES

[1] 樊平，李琦 . 餐饮服务与管理 [M]. 2 版 . 北京 : 高等教育出版社，2019.

[2] 李琦 . 餐饮服务与管理练习册 [M]. 2 版 . 北京 : 高等教育出版社，2021.

[3] 刘艳 . 餐饮服务与管理 [M]. 4 版 . 大连 : 大连理工大学出版社，2006.

[4] 吉根宝 . 餐饮管理与服务 [M]. 2 版 . 北京 : 清华大学出版社，2014.

[5] 刘硕，武国栋，林苏钦 . 宴会设计与管理实务 [M]. 武汉：华中科技大学出版社，2020.

Note